著

元伦理学

中国出版集团有限公司
China Publishing Group Co., Ltd.
研究出版社

图书在版编目(CIP)数据

元伦理学 / 王海明著. -- 北京：研究出版社，2022.4
　ISBN 978-7-5199-1240-6

Ⅰ.①元… Ⅱ.①王… Ⅲ.①元伦理学 Ⅳ.①B82-066

中国版本图书馆CIP数据核字(2022)第069366号

出 品 人：赵卜慧
出版统筹：丁　波
责任编辑：范存刚

元伦理学
YUAN LUNLI XUE
王海明　著

研究出版社 出版发行

（100006　北京市东城区灯市口大街100号华腾商务楼）
北京云浩印刷有限责任公司印刷　新华书店经销
2022年4月第1版　2023年3月第2次印刷
开本：710毫米×1000毫米　1/16　印张：17.75
字数：221千字
ISBN 978-7-5199-1240-6　定价：58.00元
电话（010）64217619　64217652（发行部）

版权所有·侵权必究
凡购买本社图书，如有印制质量问题，我社负责调换。

国家治理研究丛书编委会

主　编

陆　丹　三亚学院校长　教授

丁　波　研究出版社副社长　副总编辑

何包钢　澳大利亚迪肯大学国际与政治学院讲座教授　澳洲社会科学院院士

编　委（按姓氏笔画排序）

丁学良　香港科技大学社会科学部终身教授

丰子义　北京大学讲席教授

王　东　北京大学哲学系教授

王绍光　香港中文大学政治与公共行政系讲座教授

王春光　中国社会科学院社会学所研究员

王海明　三亚学院国家治理研究院教授

王曙光　北京大学经济学院副院长　教授

韦　森　复旦大学经济学院教授

甘绍平　中国社会科学院哲学所研究员

田海平　北京师范大学哲学学院教授

朱沁夫　三亚学院副校长　教授

任　平　苏州大学校卓越教授　江苏社科名家

仰海峰　北京大学哲学系教授

刘建军　中国人民大学马克思主义学院教授　教育部长江学者特聘教授

刘剑文　北京大学法学院教授

刘晓鹰　三亚学院副校长　教授

刘　继　国浩律师（北京）事务所主任　合伙人

刘敬鲁　中国人民大学哲学院教授

江　畅　湖北大学高等人文研究院院长　教育部长江学者特聘教授

安启念　中国人民大学哲学院教授

孙正聿　吉林大学哲学系终身教授

孙　英　中央民族大学马克思主义学院院长　北京高校特级教授

李　伟　宁夏大学民族伦理文化研究院院长　教授　原副校长

李炜光　天津财经大学财政学科首席教授

李　强　北京大学政府管理学院教授　校务委员会副主任

李德顺　中国政法大学终身教授　人文学院名誉院长

杨　河　北京大学社会科学学部主任

邱亦维　加拿大西三一大学教授　领导力硕士项目（中文）执行主任

张　光　三亚学院重点学科群主任　教授

张　帆　北京大学历史学系主任　教授

陈家琪　同济大学政治哲学与法哲学研究所所长　教授

罗德明　美国加州大学政治学系教授

周文彰　国家行政学院教授　原副院长

周建波　北京大学经济学院教授

郑也夫　北京大学社会学系教授

郎友兴　浙江大学公共管理学院政治学系主任　教授

赵汀阳　中国社会科学院学部委员

赵树凯　国务院发展研究中心研究员

赵家祥　北京大学哲学系教授

赵康太	三亚学院学术委员会副主任　教授　原海南省社会科学界联合会主席
赵敦华	北京大学讲席教授
郝立新	中国人民大学哲学学院教授　校长助理
胡　军	北京大学哲学系教授
柳学智	人力资源和社会保障部中国人事科学研究院副院长　教授
钟国兴	中央党校教授　《学习时报》总编辑
姚先国	浙江大学公共管理学院文科资深教授
姚新中	中国人民大学哲学院院长　教育部长江学者讲座教授
耿　静	三亚学院科研处处长　教授
顾　昕	北京大学政府管理学院教授
顾　肃	南京大学哲学与法学教授
钱明星	北京大学法学院教授
高全喜	上海交通大学凯原法学院讲席教授
高奇琦	华东政法大学政治学研究院院长　教授
郭　湛	中国人民大学荣誉一级教授
唐代兴	四川师范大学伦理学研究所特聘教授
谈火生	清华大学政治学系副主任　清华大学治理技术研究中心主任
萧功秦	上海师范大学人文学院历史学系教授
韩庆祥	中共中央党校副教育长兼科研部主任
焦国成	中国人民大学哲学院教授
蔡　拓	中国政法大学全球化与全球问题研究所所长　教授
熊　伟	武汉大学财税法研究中心主任　教授
樊和平	东南大学资深教授　长江学者特聘教授
戴木才	清华大学马克思主义学院长聘教授

我们应该努力寻求一种具有几何学全部严密性的道德几何学。

——约翰·罗尔斯

目 录

上篇　元伦理学体系

绪　论

一、伦理：词源与定义　001
二、元伦理与元伦理学：词源与定义　003
三、元伦理学研究对象　006

第一章　伦理学体系结构：元伦理学在伦理学体系中的位置

一、伦理学界说　009
　1. 伦理学：关于道德的科学　009
　2. 伦理学：关于优良道德的科学　011
　3. 伦理学：关于道德价值的科学　013
二、伦理学对象　015
　1. 道德价值推导公式：确定伦理学对象的科学依据　015
　2. 伦理学全部对象之推演　019
三、伦理学体系结构和学科分类：当代西方学术界的研究和论争　021
　1. 伦理学只有两门学科：元伦理学与规范伦理学　022

    2. 同一对象的两种研究模式：规范伦理学与美德伦理学　033
    3. 伦理学的中心学科：道德中心论与美德中心论　037

中篇　元伦理学范畴体系

第二章　元伦理学范畴：伦理学开端概念

一、价值概念：效用价值论　052
    1. 主体与客体：主体性即自主性　053
    2. 价值：客体对主体需要的效用　055
    3. 价值：只能用"客体"与"主体"来界定　059
二、价值概念：自然内在价值论　062
    1. 自然界内在价值概念：自然界可以是价值主体　063
    2. 自然界的内在价值问题：生物内在价值论　066
    3. 两种谬论：非生物内在价值论与人类内在价值论　072
三、价值概念：商品价值论　078
    1. 商品价值：商品对人的需要的效用　079
    2. "价值悖论"的破解：使用价值是商品的边际效用　083
    3. "价值悖论"的误解：商品价值是商品中凝结的
       人类劳动　085
四、价值反应：评价概念　091
    1. 反映与反应：真假与对错　091
    2. 评价：价值的反应　094
    3. 评价类型：认知评价、感情评价、意志评价与行为
       评价　096

第三章　元伦理学范畴：伦理学初始概念

一、善　102
1. 善的定义：可欲之谓善　102
2. 善的类型：内在善、手段善和至善　106
3. 恶的类型：纯粹恶与必要恶　109

二、应该与正当　111
1. 应该：行为的善　111
2. 正当：行为的道德善　114
3. 正当与应该：道德应该的可普遍化性　118

三、事实与是　121
1. 事实：广义事实概念　121
2. 是：狭义事实概念　123
3. 结论：两种事实概念　128

下篇　元伦理学证明体系

第四章　元伦理证明：伦理学的价值存在公理和道德价值存在公设

一、伦理学的价值存在本质公理和道德价值存在本质公设　134
1. 价值的存在本质：客体的属性　134
2. 价值的存在本质：客体的关系属性和第三性质　138
3. 结论：价值存在本质公理与道德价值存在本质公设　143

二、伦理学的价值存在结构公理和道德价值存在结构公设　145
1. 实体与标准：价值的存在结构　145

2. 实在与潜在：价值存在结构的二重性　147
　　3. 结论：价值存在结构公理与道德价值存在结构公设　149
三、伦理学的价值存在性质公理和道德价值存在性质公设　152
　　1. 价值的存在性质：特殊性和普遍性　152
　　2. 价值的存在性质：相对性和绝对性　155
　　3. 价值的存在性质：主观性与客观性　159
　　4. 结论：价值存在性质公理与道德价值存在性质公设　163
四、关于伦理学价值存在公理和道德价值存在公设的理论　165
　　1. 总结：伦理学的三个价值存在公理和三个道德价值存在公设　165
　　2. 客观论和实在论　168
　　3. 实在论的几种类型　170
　　4. 主观论　174
　　5. 关系论　177

第五章　元伦理证明：伦理学的推导公理和推导公设

一、伦理学的价值推导公理和道德价值推导公设　182
　　1. 休谟难题之答案　182
　　2. 休谟难题答案之证明：伦理学的价值推导公理　186
　　3. 伦理学的道德价值推导公设　188
二、伦理学的评价推导公理和道德评价推导公设　191
　　1. 价值判断的产生和推导过程　191
　　2. 伦理学的评价推导公理　195
　　3. 伦理学的道德评价推导公设　199

三、伦理学的评价真假对错推导公理和道德评价真假对错推导公设　202
1. 价值判断真理性的产生和推导过程　202
2. 评价真假对错推导公理　205
3. 道德评价真假对错推导公设　207

四、伦理学的优良规范推导公理和优良道德规范推导公设　209
1. "规范""价值"与"价值判断"：概念分析　209
2. 优良规范推导公理　211
3. 优良道德规范推导公设　214

五、关于伦理学推导公理和推导公设的理论　216
1. 总结：伦理学的四个推导公理和四个推导公设　216
2. 伦理学公理和公设相互关系及其意义　223
3. 自然主义　226
4. 元伦理直觉主义　229
5. 情感主义　233
6. 规定主义　239
7. 描述主义　240

本书所引证的主要书目
索　引

CONTENTS

PART 1 THE SYSTEM OF METAETHICS

Introduction

.1 Ethics: Etymology and Definition   001

.2 Meta-ethics and The Science of Meta-ethics: Etymology and Definition   003

.3 The Objects of Meta-ethics   006

Chapter 1 The Systematic Structure of Ethics: The Position of Metaethics in the System of Ethics

1.1 The Definition of Ethics   009

    1.1.1 Ethics: Science concerning Morality   009

    1.1.2 Ethics: Science Concerning Excellent Morality   011

    1.1.3 Ethics: Science Concerning Moral Value   013

1.2 The Objects of Ethics   015

    1.2.1 The Deductive Formula of the Moral Values: The Scientific Evidence for Determining the Objects of Ethics   015

    1.2.2 The Deduction of the Objects of Ethics   019

1.3 The System Structure and Discipline Classification of Ethics:The Studies and Controversies in Contemporary Western Academia   021

    1.3.1 The Misconception of Two Disciplines: Meta-ethics and Normative Ethics   022

    1.3.2 Two Modes of Studying the Same Object: Normative Ethics and Virtue Ethics   033

1.3.3 The Central Discipline of Ethics: Moral-centrism and Virtue-centrism   037

PART 2 THE SYSTEM OF METAETHICAL CATEGORIES

Chapter 2 Categories of Meta-ethics: The Starting Concept of Ethics

2.1 The Concept of Value: Utility Theory of Value   052

    2.1.1 Subject and Object: Subjectivity is a Kind of Autonomy   053

    2.1.2 Value: The Utility of the Object To the Need of the Subject   055

    2.1.3 Value: Can Only Be Defined By "Object" And "Subject"   059

2.2 The Concept of Value: Theory of Intrinsic Value of NATURE   062

    2.2.1 The Concept of Intrinsic Value of NATURE : NATURE can be the Subject of Value   063

    2.2.2 The Issues of Intrinsic Value of NATURE: Theory of Intrinsic Value of Creature   066

    2.2.3 Two Fallacies: Theories of Intrinsic Value of Human beings and Creature   072

2.3 The Concept of Value: Commodity Theory of Value   078

    2.3.1 Commodity Value: The Utility of Commodity to Human Needs   079

    2.3.2 The Solution of the "Paradox of Value": Use Value is the Marginal Utility of Commodity   083

    2.3.3 The Misunderstanding of "Paradox of Value": Commodity Value is the Congealed Human Labor in Commodity   085

2.4 Reaction of Value: The Concept of Evaluation   091

    2.4.1 Reflection and Reaction: Truth or Falsehood and Right or Wrong   091

    2.4.2 Evaluation: Reaction of Value   094

    2.4.3 Types of Evaluation: Cognitive, Emotional, Volitional and Behavioral Evaluations   096

Chapter 3 Categories of Meta-ethics: Primitive Concept of Ethics

   3.1 Good   102

       3.1.1 The Definition of Good: The Satisfaction of Desire is Good   102

       3.1.2 Types of Good: Intrinsic Good, Instrumental good and Ultimate Good   106

       3.1.3 Types of Bad: Pure Bad and Necessary Bad   109

   3.2 Ought and Right   111

       3.2.1 Ought: The Good of Action   111

       3.2.2 Right: Moral Good of Action   114

       3.2.3 Right and Ought: The Universalizability of Moral Ought   118

   3.3 Fact and Is   121

       3.3.1 Fact: The Concept of Fact in a Broad Sense   121

       3.3.2 Is: The Concept of Fact in a Narrow Sense   123

       3.3.3 Conclusion: Two Concepts of Fact   128

PART 3   THE SYSTEM OF META-ETHICAL PROOF

Chapter 4 The Meta-ethical Proof: The Axiom of the Existence of Value and the Postulate of the Existence of Moral Value in Ethics

   4.1 The Axiom of the Essence of the Existence of Value and the Postulate of the Essence of the Existence of Moral Value in Ethics   134

       4.1.1 The Essence of the Existence of Value: The Property of Object   134

       4.1.2 The Essence of the Existence of Value : The Relational Property and Tertiary Qualities of the Object   138

       4.1.3 Conclusion: The Axiom of the Essence of the Existence of Value and the Postulate of the Essence of the Existence of Moral Value   143

4.2 The Axiom of the Structure of the Existence of Value in Ethics and the Postulate of the Structure of the Existence of Moral Value in Ethics　　145
 4.2.1 Substance and Standard: The Structure of the Existence of Value　　145
 4.2.2 Reality and Potentiality: The Duality of the Structure of the Existence of Value　　147
 4.2.3 Conclusion: The Axiom of the Structure of the Existence of Value and the Postulate of the Structure of the Existence of Moral Value　　149

4.3 The Axiom of the Nature of the Existence of Value and the Postulate of the Nature of the Existence of Moral Value in Ethics　　152
 4.3.1 The Nature of the Existence of Value: Particularity and Universality　　152
 4.3.2 The Nature of the Existence of Value: Relativity and Absoluteness　　155
 4.3.3 The Nature of the Existence of Value : Subjectivity and Objectivity　　159
 4.3.4 Conclusion: The Axiom of the Nature of the Existence of Value and the Postulate of the Nature of the Existence of Moral Value in Ethics　　163

4.4 Theories about the Axiom of the Existence of Value and the Postulate of the Existence of Moral Value in Ethics　　165
 4.4.1 Conclusion: Three Axioms of the Existence of Value and Three Postulates of the Existence of Moral Value in Ethics　　165
 4.4.2 Objectivism and Realism　　168
 4.4.3 Types of Theory of Realism　　170
 4.4.4 Subjectivism　　174
 4.4.5 Theory of Relationship　　177

Chapter 5 The Meta-ethical Proof: The Deductive Axioms and Deductive Postulates in Ethics

5.1 The Deductive Axiom of Value and Deductive Postulate of Moral Value in Ethics　　182
 5.1.1 The Answer to Is-Ought Problem　　182

  5.1.2 Proof of the Answer to Is-Ought Problem: Deductive Axiom of Value

    in Ethics 186

  5.1.3 The Deductive Postulate of Moral Value in Ethics 188

5.2 The Deductive Axiom of Evaluation and Deductive Postulate of
Moral Evaluation in Ethics 191

  5.2.1 The Process of the Production and Deduction of Value Judgment 191

  5.2.2 The Deductive Axiom of Evaluation in Ethics 195

  5.2.3 The Deductive Postulate of Moral Evaluation in Ethics 199

5.3 The Deductive Axiom of the Truth and Falsehood and Right and
Wrong of Evaluation, and the Deductive Postulate of the Truth and
Falsehood and Right and Wrong of Moral Evaluation in Ethics 202

  5.3.1 The Process of the Production and Deduction of the Truth of Value

    Judgment 202

  5.3.2 The Deductive Axiom of Truth and Falsehood and Right and

    Wrong of Evaluation 205

  5.3.3 The Deductive Postulate of the Truth and Falsehood and Right and

    Wrong of Moral Evaluation 207

5.4 The Deductive Axiom of Excellent Norms and Deductive Postulate
of Excellent Moral Norms in Ethics 209

  5.4.1 An Analysis of the Concepts of "Norm", "Value" and "Value Judgment" 209

  5.4.2 The Deductive Axiom of Excellent Norm in Ethics 211

  5.4.3 The Deductive Postulates of Excellent Moral Norm 214

5.5 Theories on Deductive Axioms and Deductive Postulates in Ethics 216

  5.5.1 Conclusion: Four Deductive Axioms and Four Deductive Postulates

    in Ethics 216

  5.5.2 Relationship between Ethical Axioms and Ethical Postulates and

    Its Implications 223

5.5.3 Naturalism 226

5.5.4 Meta-ethical intuitionism 229

5.5.5 Emotivism 233

5.5.6. Prescriptivism 239

5.5.7 Descriptivism 240

上篇
元伦理学体系

绪　论

一、伦理：词源与定义

英文的伦理与伦理学是同一个词：ethics，源于拉丁文 ethica，ethica 又出于希腊文 ethos，意为品性与品德以及风俗与习惯。道德是 morality，源于拉丁文 mos，也是指风俗、习惯以及品性、品德。所以，伦理与道德在西方的词源含义完全相同，都是指人们应当如何的行为规范：它外化为风俗、习惯，而内化为品性、品德。所以，古罗马哲学家西塞罗（公元前 106—前 43）把亚里士多德著作中的 ethos（伦理）译为拉丁文 mores（道德）。

伦理的中文词源含义与英文有所不同。"伦"本义为"辈"。《说文》曰："伦，辈也。"引申为"人际关系"。如所谓"五伦"，便是五种人际关系：君臣、父子、夫妇、长幼、朋友。所以，黄建中说："伦谓人群相待相倚之生活关系，此伦之涵义也。"[1] "理"本义为"治玉"。《说文》曰："理，治玉也。……玉之未理者为璞。"引申为整治和物的纹理，如修理、理发、木理、肌理；进而引申为规律和规则。理是规律，是事实如何的必然规律："理非他，盖其必然也……就天地人物事物本其不易之则，是谓理。"[2] 理又是规则，是应该如何的当然规则："只是事物上一个当然之

---

[1] 黄建中：《比较伦理学》，台湾省编译馆，1974年版，第24页。
[2] 黄建中：《比较伦理学》，台湾省编译馆，1974年版，第28页。

则，便是理。"① 于是，合而言之，所谓伦理，就其在中国的词源含义来看，便是人际关系事实如何的规律及其应该如何的规范。

可见，伦理的词源含义，中西有所不同：在西方仅指人际行为应该如何的规范；在中国则既指人际行为应该如何的规范，又指人际行为事实如何的规律。从概念上看，伦理的定义与其中国的词源含义一致而与西方的词源含义有所不同：伦理是行为事实如何的规律及其应该如何的规范。就拿所谓的"五伦"概念来说，我们只能说君臣、父子、夫妇、长幼、朋友是五种伦理，却不能说它们是五种道德：只能说君臣是伦理，却不能说君臣是道德；只有君臣之"义"才是道德。更确切些说，君臣与君臣之义都是伦理；君臣却不是道德，而只有君臣之义才是道德。这就是因为，君臣是人际关系之事实如何，而君臣之义则是人际关系之应该如何：道德仅仅是人际关系应该如何；伦理则既包括人际关系应该如何，又包括人际关系事实如何。

那么，我们是否可以把伦理定义为"人际行为事实如何的规律及其应该如何的规范"？否。因为一方面，人际行为事实如何的规律及其应该如何的规范未必都是伦理。且以吃饭为例，西方人习惯用刀叉，而许多有教养的印度人却习惯用手指。这两种习惯无疑是两种人际行为应该如何的规范，却皆非伦理。另一方面，与社会或他人无关的非人际行为的事实如何的规律及其应该如何的规范，如善待自己的节制、贵生等，无疑也属于伦理范畴。那么，伦理究竟是什么？

答案是伦理是具有社会效用的行为之事实如何的规律及其应该如何的规范。试想，为什么用筷子或是刀叉抑或手指吃饭等人际行为应该如何的规范都不属于伦理范畴？岂不就是因为三者对于社会存在发展都不具有利害关系，因而都不具有社会效用。为什么节制与放纵、贵生与伤

---

① 黄建中：《比较伦理学》，台湾省编译馆，1974年版，第27页。

生等善待自己而与他人或社会无关的行为之应该如何都属于伦理范畴？岂不就是因为这些规范，说到底，具有利害社会之效用。所以，伦理乃是具有社会效用的行为事实如何的规律及其应该如何的规范：这就是伦理概念的定义。这就是为什么，很多思想家认为伦理学是关于具有社会效用的行为之事实如何的规律及其应该如何的规范的科学。

杜威说："伦理学者，研究行为而辩其正邪善恶之学也。"[1] 斯宾塞说："伦理学者，研究一般行为中最进化之人类行为，及其直接间接对于群己福利之促进或阻碍者也。"[2] 翁德说："伦理学为创始之规范科学，首当察核道德生活之事实，其规范乃由事实之境移入法则之域。"[3]

二、元伦理与元伦理学：词源与定义

英文的元伦理与元伦理学也是同一个词：metaethics。元伦理与元伦理学一词的词头 meta，源于拉丁文，意为"变化""变形""超越""在……之后"。因此，从词源上看，元伦理就是"超伦理"，元伦理学就是"超伦理学"。可是，究竟何谓超伦理？何谓超伦理学？

原来，所谓"超伦理"，就是"超越伦理的伦理"，就是"不是伦理而又包括伦理"，亦即库柏（David E.Cooper）所谓"关乎道德而不属于道德（With questions about morality, not of morality）"[4]，说到底，就是"伦理"的上位概念："超伦理"与"伦理"是一般与个别的关系。因此，"伦理"的定义——伦理是具有社会效用的行为之事实如何的规律及其应该如何的规则——意味着，"元伦理"就是"行为之事实如何的规律及其应该如何的规则"，就是"事实如何的规律和应该如何的规则"，说

---

[1] 转引自黄建中：《比较伦理学》，台湾省编译馆，1974年版，第32页。
[2] 转引自黄建中：《比较伦理学》，台湾省编译馆，1974年版，第32页。
[3] 转引自黄建中：《比较伦理学》，台湾省编译馆，1974年版，第34页。
[4] David E.Cooper: Ethics The Classic Readings Blackwell Publishers, 1998, p.3.

破了，就是"'应该'从'事实'中产生和推导的规律及规则"。

不仅此也！"应该"的上位概念是"善"，"善"的上位概念是"价值"，"应该""善"和"价值"的对立概念是"事实"：四者密不可分。因此，全面言之，元伦理是超伦理，意味着：一方面，元伦理就是"应该""善""价值"和"事实"之规律和规则；另一方面，元伦理就是"价值、善、应该如何"与"是、事实、事实如何"的关系之规律与规则，说穿了，就是"价值、善、应该如何"从"是、事实、事实如何"产生和推导的规律与规则。这就是引申于元伦理 metaethics 词源的元伦理定义。

准此观之，元伦理学岂不就是关于"应该""善""价值"及其与"事实"关系的规律和规则的伦理学。说穿了，岂不就是关于"应该""善""价值"从"事实"中产生和推导的规律和规则的伦理学。答案是肯定的。因为，如前所述，一方面，元伦理学的根本问题就是所谓"休谟难题"："应该"能否从"事实"产生和推导出来？另一方面，伦理学是关于道德应该、道德善和道德价值的科学，是关于优良道德规范——与道德价值相符的道德规则——的伦理学。因此，元伦理学是"超伦理学"，意味着元伦理学就是超越道德应该、道德善和道德价值的伦理学，也就是关于应该、善和价值的伦理学，说到底，就是关于优良规范——与价值相符的规则——的伦理学。

因此，一方面，元伦理不是伦理，元伦理学不是伦理学。因为对于应该、善和价值的研究不同于对道德应该、道德善、道德价值的研究，前者是对后者的超越。对于优良规范的研究不同于对优良道德规范的研究，前者是对后者的超越。另一方面，元伦理又是伦理，元伦理学又是伦理学。因为对于应该、善和价值的研究又属于对道德应该、道德善、道德价值的研究，前者是后者的方法。对于优良规范的研究也属于对优良道德规范的研究，前者是后者的方法。

原来，不懂得一般，就不懂得个别：理解一般是理解个别的方法。不懂得什么是鱼，也就不能懂得什么是鳜鱼：理解鱼是理解鳜鱼的方法。因此，一方面，要知道"道德应该""道德善""道德价值"存在何处及其产生和推导的过程，首先必须知道"应该""善""价值"究竟存在何处及其产生和推导的过程，理解"应该、善、价值"是理解"道德应该、道德善、道德价值"的方法。另一方面，要知道"优良道德规范"如何制定，首先必须知道"优良规范"如何制定，理解"优良规范"是理解"优良道德规范"的方法。

因此，一方面，对于"应该、善和价值"的研究也就属于对"道德应该、道德善和道德价值"的研究的一部分，因而也属于伦理学，亦即"元伦理学"。这样，元伦理学也是关于道德价值的科学——元伦理学是关于道德价值推导方法的伦理学。另一方面，对于"优良规范"的研究也就属于对"优良道德规范"的研究的一部分，因而也属于伦理学，亦即元伦理学。这样，元伦理学也是关于优良道德规范的伦理学——元伦理学是关于优良道德规范制定方法的伦理学。

总而言之，一方面，伦理是"具有社会效用的行为之事实如何的规律及其应该如何的规则"，元伦理是"超伦理"，是"事实如何的规律和应该如何的规则"，是"应该""善""价值"和"事实"之规律和规则。另一方面，伦理学是关于"道德应该""道德善"和"道德价值"的科学，是关于"优良道德规范"的科学，元伦理学是"超伦理学"，是关于"应该""善"和"价值"的伦理学，是关于"优良规范"的伦理学。这就是英文 metaethics（元伦理、元伦理学）的词源和定义。这就是为什么，库柏说：元伦理学所研究的问题"关乎道德而不属于道德"。[1] 这样一来，元伦理学也就是一种最为基本最为抽象最为一般的伦理学学科。

---

[1] David E.Cooper: Ethics The Classic Readings Blackwell Publishers, 1998, p.3.

因为应该、善和价值，比道德应该、道德善和道德价值更为基本更为抽象更为一般，优良规范比优良道德规范更为基本更为抽象更为一般。因此，Metaethics 的汉译"元伦理、元伦理学"的词源含义，似乎更接近元伦理学的概念定义。因为"元"字在中国的词源含义是"基本的""本来的""第一的""起始的""为首的"等。

三、元伦理学研究对象

元伦理学的研究对象是否可以归结为"应该""善""价值"和"事实"？可以，但不精确。因为，元伦理学乃是伦理学的公理和公设系统：它与几何学、力学等公理和公设系统一样，也是由初始概念和初始命题以及初始推演规则三因素构成的。

元伦理学的排列顺序，显然应该与一切公理体系的顺序一样，由初始概念到初始命题及其初始推演规则，说到底，亦即由"元伦理学范畴：伦理学初始概念"到"元伦理证明：伦理学的推导公理和推导公设"。那么，伦理学究竟有哪些初始概念或元伦理范畴？元伦理学的研究表明，解决这个问题的前提是：哪一个或哪几个范畴在元伦理范畴或伦理学初始概念系统中居于核心地位？

元伦理核心范畴，在摩尔看来，是"善（good）"；在罗斯看来，是"正当"（right）与"善"；在黑尔看来，是"善""正当"和"应该"（ought）；在艾温看来，是"善"和"应该"；在马奇（J.L.Mackie）看来，是"善""应该"和"是"（is）；在史蒂文森那里，则是"善"、"正当"、"应该"、"价值"（values）、"事实"（facts）。那么，元伦理核心范畴究竟是什么？初看起来，是"善"。因为元伦理所有范畴几乎都可以归结为"善"："应该"是行为善，"正当"是道德善，"价值"是善的最邻近的类概念，"是"或"事实"则是一切善和价值的来源、实体。所以，摩尔认为"善"在元伦理学的范畴系统中是最为重要的范畴："怎样给

'善'下定义的问题,是全部伦理学的最为根本的问题。"①

然而,元伦理的核心范畴是什么,无疑决定于元伦理学的根本问题是什么。元伦理学的根本问题,确如弗兰克纳等伦理学家所言,乃是道德判断或价值判断的确证,亦即道德推理或价值推理的逻辑,说到底,是"应该""价值"的来源、依据的问题,因而也就是"应该""价值""应该如何"与"是""事实""事实如何"的关系问题,说到底,亦即所谓"休谟难题":在道德体系中能否从"是"推导出"应该"?

准此观之,元伦理最基本的范畴无疑是"应该"而不是"善",不论"善"多么重要和复杂。围绕"应该"所展开的元伦理范畴系统,则不但包括"应该"的依据、来源或对立概念"是"和"事实",不但包括"应该"的上位概念"善"和下位概念"正当"。而且,正如查尔斯·L.里德(Charles. L.Reid)所说,还包括"价值"和"评价",因为后者是解析前者的前提:"回顾我们对于善和恶的研究,理所当然,讨论的主要问题总是深入到价值的本性及其认识问题。"②罗斯在其元伦理学名著《正当与善》一书开篇也这样写道:"本书研究的目的是考察对于伦理学来说是极为基本的三个概念——'正当'、普遍'善'和'道德善'——的本性、关系和意蕴。对于这些问题的考察,正如近年来的许多研究一样,将有大量问题涉及价值的本性。"③

这样,元伦理范畴系统,亦即伦理学的初始概念系统,便可以名之为"应该"的范畴系统。依据"从抽象到具体"的科学体系的概念排列原则,这个伦理学的初始概念系统的开端概念是"价值"和"评价";然后是具体于价值的"善":善亦即正价值;接着是行为的善——"应

---

① G.E.Moore: Principla Ethica ,China Social Sciences Publishing House Chengcheng Books,1999, p.57.
② Charles. L.Reid: Choice and Action: An Introduction To Ethics, Macmillan Publishing Co, Inc.,New York, 1981, p.200.
③ W.D.Ross: The Right and Good, Oxford At The Clarendon Press ,1930, p.1.

该";次之是行为的道德善——"正当";最后则是这些概念的对立概念——"是"和"事实"。不过,在这个伦理学的初始概念系统中,"应该"虽然是核心概念,却不是最复杂和最重要的概念,最复杂和最重要的概念,如所周知,乃是"价值"。

如果我们弄清了价值究竟是什么,其他元伦理范畴——"善"与"应该"以及"正当"等都是一种特殊的价值——也就昭然若揭了。"价值"这个人类所创造的最为复杂的概念之解析,不但使元伦理学的其他范畴迎刃而解,而且对于整个伦理学来说,具有莫大的意义。因为只有在其指导下,我们才能够科学地研究那种特殊的价值,亦即与"负价值"相对而言的"正价值"——"善"。只有在"价值"和"善"的指导下,我们才可以科学地研究元伦理学的核心范畴"应该",因为"应该"是具有正价值的行为,是行为的善。只有在"应该"的指导下,才能够科学地研究"道德应该",才能够构建规范伦理学体系,才能够进而构建美德伦理学体系。一言以蔽之,价值的概念分析乃是整个伦理学大厦的基石。

因此,我们把"价值"(包括"评价")这个伦理学的初始概念与其他初始概念分开而自成一章,名之曰"伦理学开端概念";而把其他4个初始概念——"善"与"应该"以及"正当"与"事实"——作为一章,名之曰"伦理学初始概念"。因为任何公理化体系中的"初始概念"都可以有几个甚至几十个:只有排在最前面的那个初始概念才可以称为"开端概念",而其余初始概念显然不可以称为"开端概念",而只能称为"初始概念"。

第一章
伦理学体系结构：元伦理学在伦理学体系中的位置

本章提要

伦理学，就其主要研究对象来说，是关于国家制度好坏价值标准的科学；就其全部研究对象来说，是关于道德好坏的价值科学，是关于优良道德的科学。伦理学分为元伦理学和规范伦理学以及美德伦理学。元伦理学研究"价值""善""应该""正当"，以及"是"或"事实"及其相互关系，从而解决"休谟难题"——能否从"事实"推导出"应该"——提出优良道德规范制定之方法：元伦理学是关于优良道德制定方法的科学。规范伦理学研究如何通过道德最终目的，从行为事实如何，推导出行为应该如何的优良道德规范：规范伦理学是关于优良道德规范制定过程的科学。美德伦理学研究"良心""名誉"和"品德"，解决优良道德如何由社会的外在规范转化为个人内在美德：美德伦理学是关于优良道德实现途径的科学。

一、伦理学界说

1. 伦理学：关于道德的科学

道德对于人类的重要性，只要指出一点就足够了：有道德，社会才能存在发展；没有道德，社会势必崩溃瓦解。小到家庭，大到国家，皆是如此。甚至强盗社会亦然，故庄子曰："盗亦有道。"道德既然如此重要，必有科学来研究它。那么，关于道德的科学是什么？无疑是伦理学！伦理学，如所周知，就是关于道德的科学。现代西方学者也这样写道："伦理学可以界定为道德的科学，或道德特性的科学。"[①] 我国伦理学界亦如是说："伦理学是关于道德的科学。"[②]

然而，细究起来，伦理学是关于道德的科学，虽然不错，却有皮相之见和同义语反复之嫌。因为，不难看出，伦理学是关于道德的科学，意味着：伦理学不是关于某个社会的特殊的、具体的道德的科学，而是关于一切社会的道德的普遍性的科学。因为这里所说的"道德"，乃是全称，因而包括一切道德，包括一切特殊的、具体的道德。因此，关于道德的科学，也就是关于一切特殊的、具体的道德所包含的那种共同的、抽象的、一般的、普遍的"道德"之科学，因而也就是关于道德的普遍本性的科学，说到底，也就是道德哲学："道德科学""道德哲学"和"伦理学"实际上是同一概念。所以，布洛克（H.Gene Blocker）说："伦理学试图发现能够确证人类所有行为和最终说明使行为正当或不正当之最高层次、最一般的原因。"[③]

因此，伦理学虽然是关于道德的科学，却不研究不同民族或同一民族在不同时代所奉行的不同的乃至相反的特殊道德规范，如美国人谴责自杀，认可"失败后不应该自杀"的道德规范；日本人却敬重自杀，认可"失败后应该自杀"的道德规范。伦理学不研究这些"失败后是否应该自杀"的具体道德问题。在大多数国家，妇女都可以露出面孔，而应该遮住乳房和臀部。可是，在非洲的许多地区，妇女却应该裸露乳房和臀部；火地岛的妇女不应该露出后背；而在传统的阿拉伯社会中，妇女

---

① Theodore De Laguna: Introduction To The Science Of Ethics, The Macmillan Company, New York, 1914, p.4.
② 罗国杰主编：《中国伦理学百科全书·伦理学原理卷》，吉林人民出版社，1993年版，第1页。
③ H.Gene Blocker: Ethics An Introduction, Haven Publications, 1988, p.10.

应该遮住全身。伦理学不研究这些特殊的、具体的道德。弗兰克纳将这种特殊的具体的道德当作人类学等社会科学对象,称为"道德研究的描述的经验的类型":"描述的、经验的类型:包括历史的或科学的探索,诸如人类学家、历史学家、心理学家和社会学家所从事的工作。"①

伦理学研究的乃是适用于一切社会、一切时代、一切阶级的普遍道德规范,如"善""正义""平等""人道""自由""幸福""诚实""自尊""勇敢""谦虚""智慧""节制"等。因此,伦理学是哲学的分支,亦即道德哲学。正如美学、逻辑学、法哲学、政治哲学、经济哲学都是哲学的分支一样。于是,我们又回到古罗马哲学家西塞罗(公元前106—前43)的见地:所谓伦理学,亦即道德哲学,是关于道德的哲学,是关于道德的普遍本性的科学。今日西方伦理学家也都这样写道:

"伦理学是关于道德的哲学研究。"②"伦理学,有时亦称道德哲学,是企图理解道德概念和确证道德原则、道德理论的知识体系。"③"伦理学是哲学的一个分支;它是道德哲学,亦即关于道德、道德问题和道德判断的哲学思想。"④

2. 伦理学:关于优良道德的科学

将伦理学定义为道德哲学,真正讲来,也不够精确。因为道德是一种社会制定、约定或认可的行为应该如何的规范:道德亦即道德规范。这样,道德便正如伊壁鸠鲁和休谟等哲学家所说,无非是人们所制定的一种契约:"正义起源于人类契约。"⑤因此,道德具有主观任意性,虽然

---

① 弗兰克纳:《伦理学》,生活·读书·新知三联书店,1987年版,第7页。
② Louis P.Pojman: Ethical Theory: Classical and Contemporary Readings, Wadsworth Publishing Company, USA, 1995, p.1.
③ Louis P.Pojman: Ethical Theory: Classical and Contemporary Readings, Wadsworth Publishing Company, USA, 1995, p.1.
④ W.K.Frankena:Ethics Prentice — hall,Inc,. Englewood Cliffs,New Jersey, 1973, p.4.
⑤ David Hume: A Treatise of Human Nature, At The Clarendon Press Oxford, 1949, p.494.

无所谓真假，却具有好坏、优劣和对错之分。举例来说，我们显然不能说"应该自缢殉夫"的贞洁道德规范是真理还是谬误，而只能说它是好的、优良的、正确的还是坏的、恶劣的、错误的：它无疑是坏的、恶劣的、错误的。鲁迅在《狂人日记》中，曾借狂人之口，断言儒家道德是一种"吃人"的极端恶劣的坏道德：

"我翻开历史一查，这历史没有年代，歪歪斜斜的每页上都写着'仁义道德'几个字。我横竖睡不着，仔细看了半夜，才从字缝里看出字来，满本都写着两个字是'吃人'！"

鲁迅此言是否真理，大可争议，但有一点确凿无疑：道德有好坏、优劣之分。伦理学的意义显然全在于此：避免坏的、恶劣的、错误的道德，制定好的、优良的、正确的道德。因为道德既然是可以随意制定的，那么，制定道德便不需要科学。伦理学是约公元前500—前300年，亦即在苏格拉底、亚里士多德和孔子、老子时代，才诞生的。而在伦理学诞生之前，道德早就存在了：有社会，斯有道德焉。只有制定好的、优良的、正确的道德才需要科学——伦理学是关于优良道德的科学。所以，布洛克说：

"道德哲学家反思日常道德假定，并不仅仅是用哲学术语重述我们已经信赖的任何规范；而是寻求对于日常道德的一种新的理解和新的观点，这将改正我们某些道德信仰和改变我们每天的道德行为。"[1]

于是，精确言之，伦理学并不是关于道德的事实科学，而是关于道德好坏优劣的价值科学，是关于优良道德的科学，是关于优良道德的制定方法和制定过程以及实现途径的科学。这样一来，从某种意义来说，我们又回到了亚里士多德那里。因为，众所周知，亚里士多德一方面说，伦理学这门科学就是政治科学；另一方面，他的《政治学》，一以贯之

---

[1] H.Gene Blocker:Ethics An Introduction, Haven Publications, 1988, p.22.

者，就是关于"优良政治制度"之研究。① 推此可知，伦理学岂不就是关于优良道德的科学？

3. 伦理学：关于道德价值的科学

究竟怎样的道德才是好的、优良的？这是个十分复杂的问题。它牵连三个密不可分而又根本不同的重要概念："道德"（"道德"属于"规范"范畴，因而"道德"与"道德规范"是同一概念）、"道德价值"和"道德价值判断"。然而，古今中外，几乎所有伦理学家都认为，"道德或道德规范"与"道德价值"是同一概念。殊不知，二者根本不同。因为道德或道德规范都是人制定、约定的。但道德价值却不是人制定、约定的。一切价值——不论道德价值还是非道德价值——显然都不是人制定或约定的。试想，玉米、鸡蛋、猪肉的营养价值怎么能是人制定或约定出来的呢？

不难看出，玉米、鸡蛋、猪肉的营养价值不是人制定的，人只能制定应该如何吃玉米、鸡蛋和猪肉的行为规范。记得幼时，家父曾告诉我："肥肉和猪油最有营养价值，吃得越多越好。"如今不言而喻，家父当初告诉我的"肥肉和猪油吃得越多越好"，是坏的、恶劣的行为规范；相反，洪昭光等养生专家主张的"应该少吃一点猪油"的行为规范则是好的、优良的。为什么？因为"肥肉和猪油吃得越多越好"的行为规范与猪油的营养价值不符：猪油多了具有负价值，因而多吃猪油是不好的。相反，"应该少吃猪油"的行为规范与猪油的营养价值相符：猪油少一点具有正价值，因而少吃一点猪油好。

商品价值不是人制定的，人只能制定商品价格。人们所制定的商品价格既可能与商品价值相符、相等，也可能不相符、不相等：相符者就是优良的、正确的、正义的价格，不相符者就是恶劣的、错误的、不正

---

① 亚里士多德：《政治学》，商务印书馆，1996年版，第43页。

义的价格。唯有自由竞争才能够实现价格与价值相符、相等，才能够实现商品交换的正义。因为在自由竞争条件下，厂商为了利润最大化，势必将产量确定在边际成本、商品价值等于价格的产量水平上。这就是说，自由竞争条件下的商品价格等于商品价值具有必然性：等价交换或价格正义是自由竞争的价格规律。反之，垄断条件下的商品价格势必远远高于边际成本，远远高于商品价值。这就是说，垄断价格高于商品价值具有必然性：不等价交换或价格不正义是垄断价格规律。这就是会有反垄断法出台的缘故。

可见，规范与价值根本不同：与价值相符的规范就是优良的、好的规范，与价值不相符的规范就是恶劣的、坏的规范。道德属于行为规范范畴。因此，优良的、好的道德也就是与道德价值相符的道德；恶劣的、坏的道德也就是与道德价值不符的道德。"应该自缢殉夫"的贞洁道德规范之所以是坏道德，就是因其与自缢殉夫的道德价值不相符：自缢殉夫具有负道德价值，是不应该的。那么，究竟怎样才能制定与道德价值相符的优良道德规范呢？

人们制定任何道德规范，无疑都是在一定的"道德价值判断"的指导下进行的。显而易见，只有在关于道德价值的判断是真理的条件下，所制定的道德规范才能够与道德价值相符，从而才能够是优良的道德规范；反之，如果关于道德价值的判断是谬误，那么，在其指导下所制定的道德价值的规范，必定与道德价值不相符，因而必定是恶劣的道德规范。举例说：

如果"为己利他是应该的"道德价值判断是真理，那么，我们把"为己利他"奉为道德原则，便与"为己利他"的道德价值相符，因而是一种优良的道德原则。反之，如果"为己利他是应该的"道德价值判断是谬误，那么，我们把"为己利他"奉为道德原则，便与"为己利他"的道德价值不相符，因而便是一种恶劣的道德原则。

可见，伦理学是关于优良道德——优良道德就是与道德价值相符的道德规范——的科学的定义，实际上蕴含着，伦理学是寻找道德价值真理的科学，是关于道德价值的科学。所以，伦理学家们一再说伦理学是一种价值科学："伦理学是一个关于道德价值的有机的知识系统。"① "伦理学之为科学，研究关于全体生活行为之价值者也。"② 这是伦理学的公认的定义，也是伦理学的更为深刻的定义。

然而，不难看出，这个"伦理学是关于道德价值的科学"的定义，只能从"伦理学是关于优良道德的科学"推出，而不能由"伦理学是关于道德的科学"推出。因为优良道德是不能随意制定、约定的，制定优良道德必与道德价值相关：优良道德是与道德价值相符的道德规范。反之，道德则是可以随意制定、约定的，制定道德不必与道德价值相关：与道德价值相符的道德是道德，与道德价值不符的道德也是道德。

这样一来，伦理学便有三个定义："伦理学亦即道德哲学，是关于道德的科学"，虽然不错，却仍然难免皮相之见和同义语反复之嫌；"伦理学是关于道德价值的科学"，虽然深刻，却有只见内容（道德价值）而不见形式（道德规范）的片面性之嫌；唯有"伦理学是关于道德好坏的价值科学，是关于优良道德的科学"堪称伦理学精确定义。然而，无论怎样说，伦理学都不是事实科学，而是"规范科学"或"价值科学"："规范科学"与"价值科学"是同一概念，虽然"规范"与"价值"根本不同。

二、伦理学对象

1. 道德价值推导公式：确定伦理学对象的科学依据

伦理学的定义——伦理学是关于道德好坏的价值科学——表明，伦

---

① 宾克莱：《二十世纪伦理学》，河北人民出版社，1988年版，第214页。
② 黄建中：《比较伦理学》，台湾省编译馆，1974年版，第34页。

理学就其根本特征来说，是一种规范科学和价值科学而不是描述科学或事实科学。这样，在科学的王国里，伦理学便属于规范科学而与描述科学相对立。所以，约翰逊（Oliver A.Johnson）写道："哲学家们把伦理学称作规范科学，亦即研究规范或准则的科学；而与研究经验事实的描述科学相对照。"① 那么，这是否意味着：伦理学只研究应该、价值、规范而不研究是、事实？只研究"行为应该如何"而不研究"行为事实如何"？这就是所谓的"是与应该的关系"难题。它是元伦理学的基本问题，是伦理学能否成为科学的关键，因而也是全部伦理学的最重要的问题。所以，赫德森（W.D.Hudson）说："道德哲学的中心问题，乃是那著名的'是—应该'问题。"② 不解决这一难题，便不可能科学地确定伦理学对象，便不可能科学地构建伦理学。最先看到这一点的，是休谟。他这样写道：

"在我所遇到的每一个道德体系中，我一向注意到，作者在一时期中是照平常的推理方式进行的，确定了上帝的存在，或是对人事作一番议论；可是突然之间，我却大吃一惊地发现，我所遇到的不再是命题中通常的'是'与'不是'等联系词，而是没有一个命题不是由一个'应该'或一个'不应该'联系起来的。这个变化虽是不知不觉的，却是有极其重大的关系的。因为这个应该与不应该既然表示一种新的关系或肯定，所以就必须加以论述和说明；同时对于这种似乎完全不可思议的事情，即这个新关系如何能由完全不同的另外一些关系推出来的，也应该指出理由加以说明。不过作者们通常既然不是这样谨慎从事，所以我倒想向读者们建议要留神提防；而且我相信，这样一点点的注意就会推翻一切通俗的道德学体系。"③

---

① Oliver A.Johnson:Ethics Selections From Classical and Contemporary, Writers Fourth Edition Holt,Rinehart and Winston,Inc New York, 1978, p.2.
② W.D.Hudson: The Is — Ought Question:A Collection of Papers on the Central Problem in Moral Philosophy, ST.Martin's Press, New York, 1969, p.11.
③ 休谟：《人性论》下册，商务印书馆，1983年版，第509页。

这就是后来成为元伦理学核心的所谓"休谟难题"或"休谟法则"：能否从"是""事实""事实如何"推导出"应该""价值""应该如何"？元伦理学对于这个问题的研究表明：

行为应该如何的道德价值，并不是行为本身独自具有的属性，而是在行为的事实属性（道德价值实体）与道德目的（道德价值标准）发生关系时所产生的属性，是行为事实如何对道德目的——保障社会存在发展和增进每个人利益——的效用。因此，道德价值、道德应该、行为之应该如何，是通过道德目的，从行为事实如何中产生和推导出来的：行为之应该（或正道德价值）等于行为之事实与道德目的之相符，行为之不应该（或负道德价值）等于行为之事实与道德目的之相违。

这就是"是与应该"的关系之真谛，这就是休谟难题之最终答案，这就是道德价值的发现和推导方法，可以将其归结为一个道德价值推导公式：

前提1：行为事实如何（道德价值实体）
前提2：道德目的如何（道德价值标准）

结论：行为应该如何（道德价值）

举例说，"张三不该杀人"是张三杀人事实对道德目的的效用。因此，张三不该杀人，便是通过道德目的，从张三杀人事实中产生和推导出来的："张三不该杀人"全等于"张三杀人事实不符合道德目的——保障社会存在发展和增进每个人利益——之效用"。这就是道德价值的发现和推导方法的一个实例，可以归结为一个公式：

前提1：张三杀人了（行为事实如何：道德价值实体）

前提2：*道德目的是保障社会存在发展和增进每个人的利益（道德目的如何：道德价值标准）*

结论：*张三不应该杀人（行为应该如何：道德价值）*

因此，行为应该如何的道德规范虽然都是人制定的、约定的；但是，只有那些恶劣的道德规范才可以随意制定、约定。反之，优良的道德规范决非可以随意制定，而只能通过道德目的，从行为事实如何的客观本性中推导、制定出来：所制定的行为应该如何的道德规范之优劣，直接来说，取决于行为应该如何的道德价值判断之真假；根本来说，则一方面取决于行为事实如何的事实判断之真假，另一方面取决于道德目的的主体判断之真假。

例如，"无私利他"作为道德规范，究竟是优良的，还是恶劣的，直接来说，便取决于"无私利他具有正道德价值"的价值判断之真假。根本来说，则一方面取决于"每个人的行为事实上能够无私利他"的事实判断之真假，另一方面则取决于"道德目的是增进每个人利益"的主体判断之真假。

这就是道德价值和优良道德规范的发现和推导方法，可以将其归结为一个"道德价值和优良道德规范推导公式"：

前提1：*行为事实如何（道德价值实体）判断之真假*
前提2：*道德目的如何（道德价值标准）判断之真假*

结论1：*行为应该如何（道德价值）判断之真假*
结论2：*道德规范之优劣（道德规范是否与道德价值相符）*

2. 伦理学全部对象之推演

伦理学定义——伦理学是关于道德价值和优良道德的科学——意味着：从"道德价值和优良道德规范推导公式"可以推导出伦理学的全部内容、全部对象、全部命题。首先，从这个公式，可以推导出伦理学的基本对象由以下三部分组成。

第一部分是对于这个公式的前提2"道德目的如何（道德价值标准）判断之真假"的研究。道德目的是衡量伦理行为事实如何的道德价值标准，只有借助它，才能从伦理行为事实如何推导出伦理行为应该如何的优良道德规范。但是，要证明何为道德目的，就必须证明道德究竟是什么：它的定义、结构、类型、基本性质等。因此，主要来讲，该部分首先研究道德概念；其次研究道德起源和目的；最后研究道德最终目的之量化，亦即道德价值终极标准。

第二部分是对于这个公式的前提1"行为事实如何（道德价值实体）判断之真假"的研究，亦即所谓的"人性论"。因为伦理学所研究的人性，仅仅是可以言善恶从而进行道德评价的人性，因而只能是可以进行道德评价的人的行为事实如何之本性。它是行为应该如何的优良道德规范所由以产生和推导出来的实体，亦即道德价值实体。这一部分主要研究行为结构（行为目的、行为手段和行为原动力）、类型（如"为己利他"等行为十六种）和规律（如"每个人必定恒久为自己，而只能偶尔为他人"等行为发展变化四大规律）。

第三部分是对于这个公式的结论1"行为应该如何（道德价值）判断之真假"和结论2"道德规范之优劣（道德规范是否与道德价值相符）"的研究。首先，运用道德最终目的、道德终极标准——增减每个人利益总量——来衡量行为事实如何之十六种、四大规律：符合这个标准的行为事实，就是一切行为应该如何的优良道德总原则"善"。其次，从道德总原则"善"出发，一方面，推导出善待自我的优良道德原则"幸福"。另一方面推导出善待他人的优良道德原则——主要是国家制度与国家治理好坏的优良价值标准——"正义""平等""人道""自由""异化"：正义是国家制度好坏的根本价值标准，平等是最重要的正义，人道——视人的创造性潜能的实现为最高价值而使人实现自己的创造性潜能的行为——是国家制度好坏的最高价值标准，自由是最根本的人道；异化是最根本的不人道。最后，从善、正义、平等、人道、自由、异化和幸福七大优良道德原则出发，进一步推导出"诚实""贵生""自尊""节制""谦虚""勇敢""智慧""中庸"八大优良道德规则。

这三大部分就是规范伦理学的全部研究对象，规范伦理学主要研究如何通过"道德最终目的"（亦即"道德终极标准"），从"行为事实如何"，推导出"行为应该如何"的优良道德规范：规范伦理学就是关于优良道德规范制定过程的伦理学。

那么，如何才能使人们遵守优良道德，从而使其得到实现？通过良心、名誉和品德：良心与名誉的道德评价是道德规范实现的途径，良好的品德、美德则是道德规范的真正实现。良心、名誉和品德，正如穆勒所说，是一切伦理学都必须回答的重大问题：

"对于任何经人假定过的道德标准，往往有人问（并且应该这样问）：这个标准的制裁力是什么？人遵守它的动机是什么？或是（问得更明确些）：它的义务性的来源是什么？它用什么力量使人遵循它？伦理学必须对这个问题答复。"[①]

"良心""名誉""品德"三个范畴构成美德伦理学的全部研究对象：美德伦理学就是关于优良道德实现途径的伦理学，因而也就是对于这个"道德价值和优良道德规范推导公式"的"结论2：道德规范之优劣"的研究。

---

① 穆勒：《功用主义》，商务印书馆，1957年版，第28页。

对于"道德价值和优良道德规范推导公式"或"道德价值推导公式"本身如何能够成立的研究，则是元伦理学的核心。元伦理学就是关于道德价值的发现方法的伦理学，就是关于优良道德规范推导和制定方法的伦理学，说到底，就是自斯宾诺莎以降思想家们一直寻求的伦理学的公理体系。因为公理之为公理，正如波普所说，只在于从它们能够推演出该科学的全部命题和陈述：

"公理是这样被选择的：属于该理论体系的全部其他陈述都能够从这些公理——通过纯逻辑的或数学的转换——推导出来。"[1]

那么，元伦理学和规范伦理学以及美德伦理学是否构成了伦理学的全部学科？答案是肯定的。因为伦理学就是关于优良道德的科学，就是关于优良道德的制定方法（元伦理学）和制定过程（规范伦理学）以及实现途径（美德伦理学）的科学。于是，伦理学的对象最终可以归结如下：

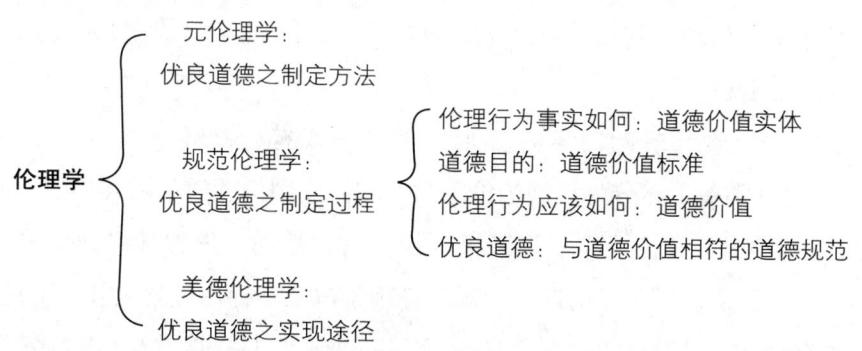

伦理学
- 元伦理学：优良道德之制定方法
- 规范伦理学：优良道德之制定过程
  - 伦理行为事实如何：道德价值实体
  - 道德目的：道德价值标准
  - 伦理行为应该如何：道德价值
  - 优良道德：与道德价值相符的道德规范
- 美德伦理学：优良道德之实现途径

三、伦理学体系结构和学科分类：当代西方学术界的研究和论争

伦理学对象的推演表明，伦理学对象分为三大部分——优良道德的制定方法和制定过程以及实现途径——对于这三大部分的研究，便形成了伦理学体系结构的三大部分和学科分类的三大类型：元伦理学、规范

---

[1] Karl R. Popper: The Logic of Scientific Discovery, Harper Torchbooks Harper & Row, Publishers, New York, 1959, p.71.

伦理学、美德伦理学。规范伦理学占据伦理学的绝大部分对象和内容，无疑是伦理学体系结构的中心学科：伦理学符合中间（规范伦理学）大、两头（元伦理学和美德伦理学）小的科学体系的典型特征，是以规范伦理学为中心学科而辅以元伦理学和美德伦理学两个外围学科的科学体系，是以元伦理学为头颅、以规范伦理学为躯体、以美德伦理学为双脚的有机体。

这是不难理解的，因为伦理学是关于优良道德规范的科学，是关于优良道德规范制定方法（元伦理学）和优良道德规范制定过程（规范伦理学）以及优良道德规范实现途径（美德伦理学）的科学。伦理学完全属于规范科学，怎么可能不以规范伦理学为中心呢？然而，当代西方伦理学界竟然一致认为，规范伦理学与美德伦理学不过是研究同一对象的两种模式，因而伦理学实际上只有两门学科：这两门学科在一些伦理学家看来是元伦理学与规范伦理学，而在另一些伦理学家看来则是元伦理学与美德伦理学。

1. 伦理学只有两门学科：元伦理学与规范伦理学

"伦理学"虽然分为"理论伦理学"和"应用伦理学"两大类型，但是，一般来说，"伦理学"无疑只是指前者。然而，伦理学或理论伦理学，如前所述，又有元伦理学和规范伦理学以及美德伦理学之分。不过，1903年之前，人类对于三者虽有研究——如亚里士多德、孟子和斯宾诺莎对于"善"等元伦理学概念的研究以及休谟对于"是与应该"等元伦理学根本问题的研究——却不存在这样三种伦理学学科；一直到19世纪末，伦理学与所谓"规范伦理学"（Normative ethics）几乎还是同一概念。

1903年，摩尔发表《伦理学原理》，宣告了另一种理论伦理学——"元伦理学"（Metaethics）——的诞生。而后半个多世纪，元伦理学在西方伦理学领域一直居于主导地位。它的代表人物，除了摩尔，还有普里查德、罗斯、罗素、维特根斯坦、石里克、卡尔纳普、艾耶尔、史蒂文森、图尔闵、黑尔等。这样，自1903年以来，伦理学或理论伦理学便分为元伦理学与规范伦理学两大学科。所以，约瑟夫·P. 赫丝特（Joseph P.Hester）写道："伦理学或伦理学研究，一般来说，分为两大类型：规范伦理学和元伦理学。"① 戴维·库柏（David Copp）也写道："伦理学的哲学研究一般分为两大领域，即元伦理学和规范伦理学。"② 那么，元伦理学和规范伦理学的区别与联系何在？

元伦理学对象比较权威的界定，来自弗兰克纳。赫丝特说："元伦理学，据弗兰克纳考察，研究以下诸问题：（1）伦理学术语如'正当''不正当''善''恶'的意义或定义是什么？也就是说，使用了以上或类似术语的那些判断的本性、意义或功能是什么？运用这样术语和判断的规则是什么？（2）此类术语的道德用法与非道德用法以及道德判断与其他规范判断的区别如何？与'非道德的'相对照的'道德的'的意义是什么？（3）有关术语或概念如'行为''良心''自由意志''意图''许诺''辩解''动机''责任''理由''自愿'的分析或意义是什么？（4）伦理的和价值的判断能够被证明、合理化或显示其正确性吗？如果能够，那究竟是怎样的和在什么意义上的？或者说，道德推理和价值推理的逻辑是什么？"③ 对于这四个问题，马克·蒂姆斯（Mark Timmons）进一步归结道："前三个问题所关涉的是伦理术语的意义；第四个问题所关涉的则是道德判断的确证（justification of moral judgments）。"④

道格拉斯·盖维特（R.Douglass Geiveit）也把元伦理学的研究对象分为"伦理术语"和关于道德价值判断之真伪证明方法的"道德判断确证"两方面："元伦理学不同于规范伦理学和应用伦理学之处，在于它对

---

① Joseph P. Hester: Encyclopedia of Values and Ethics, Santa Barbara ABC-CLIO,1996, p.259.
② Lawrence C . Becker: Encyclopedia of Ethics Volume II, Garland Publishing,Inc,. New York, 1992, p.790.
③ Joseph P. Hester: Encyclopedia of Values and Ethics, Santa Barbara ABC-CLIO 1996, p.260.
④ Mark Timmons: Morality Without Foundations, Oxford University Press, New York, 1999, p.16.

概念的和认识论问题的探索。这些问题是人们在考究道德论辩和探索、应用关于正当或不正当的规范理论的过程中提出来的。概念问题因道德的术语和主张而生，认识论问题则源于道德确证的可能和特性。概念问题……将直接考察诸如'善''恶''正当''不正当'等术语。这种分析的目的在于，阐明这些术语在使用道德断言的判断，如'X是正当的'或'X是不正当的'之中的意义。……认识论问题，如：一个人究竟怎样才能确定哪些道德判断是真的和哪些是假的？"[1]

当代西方伦理学家将元伦理学对象分为"伦理学术语"与"道德判断证明"：前者主要是"善"与"正当"等范畴；后者则研究道德价值判断之真伪的证明方法，亦即"道德推理和价值推理的逻辑"。同时，弗兰克纳在总结他所列举的元伦理学所研究的四个问题时，进一步阐明，"道德推理和价值推理的逻辑"是元伦理学根本问题："在这些问题中，1和4是更标准的元伦理学问题……在这两个问题中，4是根本的。"[2]

但是，他们还不知道，所谓道德推理或价值推理的逻辑，说到底，就是"休谟难题"：能否从"是""事实""事实如何"推导出"价值""应该""应该如何"？这样一来，他们就不能科学地确定，元伦理学应该仅仅研究与这一元伦理学根本问题有关的"价值""善""应该""正当"以及"是"或"事实"等范畴，却误以为除此以外，元伦理学还研究"有关术语或概念如'行为''良心''自由意志''意图''许诺''辩解''动机''责任''理由''自愿'的分析或意义是什么？"[3] 照此说来，元伦理学岂不几乎研究一切伦理学术语？岂不就将元伦理学等同于伦理学？

另外，当代西方伦理学家对于休谟难题虽然多有研究，却始终未能

---

[1] John K.Roth: International Encyclopedia of Ethics, Printed by Braun-Brumfield Inc., U.C, 1995, pp.554~555.

[2] William K.Frankena: Ethics, Prentice-Hall, Inc., Englewood Cliffs New Jersey,1973, p.96.

[3] Joseph P. Hester: Encyclopedia of Values and Ethics, Santa Barbara ABC-CLIO 1996, p.260.

破解休谟难题，未能发现"行为应该如何的道德价值，是通过道德目的，从行为事实如何中产生和推导出来的"——这就是破解休谟难题的答案——因而也就不懂得，"道德价值判断之真假"，直接来说，取决于"道德价值判断"与"道德价值"是否相符。但是，根本来说，则一方面取决于"行为事实判断"之真假，另一方面取决于"道德目的判断"之真假。这样一来，他们也就不可能发现能够推导出伦理学全部命题的"道德价值推导公式"或"伦理学公理"，不可能发现元伦理学就是优良道德规范推导方法的伦理学，说到底，就是伦理学的公理体系。

这就是为什么，当代西方伦理学界竟然从"元伦理学是研究伦理术语的意义和道德推理或价值推理的逻辑"虽然宽泛却基本正确的观点，得出了十分模糊和怪诞的结论：元伦理学是分析道德语言的科学。元伦理学大师黑尔便这样写道："伦理学，就我的理解而言，乃是对道德语言的逻辑研究。"① 这竟然是当代西方主流伦理学家对元伦理学的定义："以道德语言的分析来界定元伦理学是很有代表性的。"②

这一元伦理学定义不但模糊怪诞，而且难以成立：对于"道德语言"的研究岂不属于一种"语言"研究范畴？岂不属于一种语言学？更何况，并不是任何"道德语言"的分析和"伦理术语"的意义的研究以及"道德判断"的确证都属于元伦理学。例如，"节制"是伦理术语，"节制是应该的"是道德判断：对于二者的分析都属于所谓"道德语言分析"。但是，对于"节制"和"节制是应该的"的分析、证明，显然并非元伦理学研究，而是规范伦理学研究。那么，元伦理学与规范伦理学对于伦理学术语的分析和道德判断的证明之区别究竟是什么？

首先，二者的区别，确如当代西方伦理学家所说，全在于规范伦

---

① R.M.Hare: The Language of Morals, Oxford University Press Amen House London, 1964, p.1.
② Lawrence C. Becker: Encyclopedia of Ethics Volume II, Garland Publishing,Inc., New York, 1992, p.790.

理学所分析和确证的，乃是一条一条具有行为内容的，因而能够指导行为的道德应该、道德善和道德价值之规范："应该利他""正义是正当的""谨慎是一种道德善""节制具有正道德价值"等。而元伦理学所分析和确证的，则是囊括一切道德应该、道德善和道德价值之规范的、抽离了一切行为内容，因而不能够指导任何行为的正当本身、应该本身、善本身、价值本身："正当""应该""善""价值"。道格拉斯·盖维特写道：

"元伦理学可以界定为对于抽离了具体内容的道德规则、标准、评价和原则之本性、证明、合理性、真理的条件和性质的哲学研究。由于它以这种方式将道德或道德原则作为它的研究对象，它有时被称为'第二级'伦理学。反之，规范伦理学的推断和理论，或'第一级'伦理学，则是实在的伦理主张和理论。"①

赫丝特也写道："规范伦理学探究什么是道德上的正当、不正当或责任，什么是道德上的善或恶，什么时候我们负有道德责任，什么是可欲的、好的或值得做的。规范伦理学探求可接受的责任原则和普遍的价值评价，以便决定什么在道德上是正当的、不正当的或责任，以及什么或谁在道德上是善的、恶的或有责任的。反之，元伦理学——或许除了一些暗示——不提出任何道德原则或行为目的。这样，它的任务完全在于哲学分析：阐释和理解规范理论的语言和主张等等。"②

究竟言之，元伦理学所分析的伦理学术语，主要是正当、应该、善和价值；所证明的判断，则主要是揭示这些术语相互关系——特别是应该与事实的关系——的价值判断：前者可以称为"元伦理学范畴"，后者可以称为"元伦理证明"。于是可以说：元伦理学主要是关于正当、应该、善和价值的科学。反之，规范伦理学所分析的伦理学术语，则主要

---

① John K.Roth: International Encyclopedia of Ethics,Printed by Braun-Brumfield Inc.,U.C , 1995, p.790.
② Joseph P. Hester: Encyclopedia of Values and Ethics,Santa Barbara ABC-CLIO,1996, pp.259~260.

是道德应该、道德善和道德价值；所证明的判断，则主要是揭示这些术语相互关系——特别是行为应该如何与行为事实如何的关系——的道德价值判断。因此可以说：规范伦理学是关于道德应该、道德善和道德价值的科学。可是，伦理学，如前所述，就是关于道德应该、道德善、道德价值的科学。这岂不是说，伦理学亦即规范伦理学，而研究正当、应该、善和价值的元伦理学乃在伦理学的外延之外？

原来，不懂得一般，就不懂得个别——一般是个别的方法。不懂得什么是鱼，也就不能懂得什么是鳜鱼——理解鱼是理解鳜鱼的方法。同理，要知道道德应该、道德善、道德价值存在何处及其产生和推导过程，首先必须知道应该、善、价值究竟存在何处及其产生和推导过程：理解应该、善、价值是理解道德应该、道德善、道德价值的方法。所以，对于应该、善和价值的研究也就属于对道德应该、道德善和道德价值的研究的一部分，因而也属于伦理学，亦即所谓元伦理学。这样，元伦理学也是关于道德价值的科学：元伦理学是关于道德价值的研究方法的科学。于是可以说：规范伦理学是关于道德价值本身的科学，元伦理学则是研究道德价值的方法的科学。然而，研究道德价值的目的和意义，如前所述，全在于制定优良道德：优良道德亦即与道德价值相符的道德规范。所以，更确切些说，规范伦理学是制定优良道德规范的科学，元伦理学则是制定优良道德的方法的科学。

从元伦理学的词源来看也是如此。元伦理学（metaethics）一词的词头 meta，源于拉丁文，意为"变化""变形""超越""在……之后"。因此，从词源上看，元伦理也就是超越伦理的伦理，元伦理学也就是超越伦理学的伦理学。可是，超越伦理的伦理是什么？超越伦理学的伦理学是什么？伦理学是关于道德应该、道德善和道德价值的科学。所以，超越伦理的伦理就是超越道德应该、道德善和道德价值的伦理，也就是应该、善和价值；而超越伦理学的伦理学也就是超越道德应该、道德善和道德价值的伦理学，也就是关于应该、善和价值的伦理学。一句话，元伦理就是应该、善和价值之规律和规则，元伦理学就是关于应该、善和价值的伦理学。

这可以从两方面来理解。一方面，元伦理不是伦理，元伦理学不是伦理学，因为对于应该、善和价值的研究不同于对于道德应该、道德善、道德价值的研究：前者是对后者的超越。另一方面，元伦理又是伦理，元伦理学又是伦理学，因为对于应该、善和价值的研究又属于对道德应该、道德善、道德价值的研究：前者是后者的方法。这就是元伦理学为什么是超越伦理学的伦理学的意思。所以，库柏说：元伦理学所研究的问题"关乎道德而不属于道德"(With questions about morality, not of morality)。[①] 这样一来，元伦理学也就是一种最为基本、最为抽象、最为一般的伦理学。因为应该、善和价值比道德应该、道德善、道德价值更为基本，更为抽象，更为一般。因此，元伦理学的中国词源含义更接近元伦理学的概念定义。因为"元"字在中国的词源含义是"基本的""本来的""第一的""起始的""为首的"等。

然而，细细想来，似乎不能由"对于应该、善和价值研究"是"对于道德应该、道德善和道德价值研究"的方法，便得出结论说：前者属于后者的一部分。确实，我们不能由哲学是自然科学的方法，就说哲学属于自然科学的一部分。但是，"应该、善和价值"与"道德应该、道德善和道德价值"的关系，跟哲学与自然科学的关系有所不同。哲学与自然科学是一种比较松散的一般与具体的关系。这种松散表现在：不系统地研究哲学，仍然能够系统地研究自然科学。反之，"对于应该、善和价值的研究"与"对于道德应该、道德善和道德价值的研究"则是一种极为密切融为一体的一般与具体的关系：不系统地研究"应该、善和价

---

① David E.Cooper:Ethics The Classic Readings, Blackwell Publishers, 1998, p.3.

值",就无法系统地研究"道德应该、道德善和道德价值"。这一点,突出表现在元伦理学的基本问题与规范伦理学的关系上。那么,元伦理学的基本问题是什么?

弗兰克纳在总结他所列举的元伦理学所研究的四个问题时说:"在这些问题中,1和4是更标准的元伦理学问题……在这两个问题中,4是根本的。"[1] 这就是说,元伦理学的根本问题是道德判断或价值判断的确证,亦即道德推理或价值推理的逻辑。所谓道德推理或价值推理,亦即确证道德判断或价值判断的推理,也就是含有道德判断或价值判断的推理。所谓道德判断或价值判断,亦即含有价值或应该等术语的判断,也就是人们对于价值或应该的认识。因此,元伦理学所要解决的根本问题,是"应该"或"价值"产生和存在的来源、依据问题;说到底,也就是著名的休谟难题:"应该""价值""应该如何"与"是""事实""事实如何"的关系问题,亦即能否从"是""事实""事实如何"推导出"应该""价值""应该如何"? 元伦理学对于这个难题的研究的结果,如上所述,可以归结为:

行为应该如何的优良的道德规范决非可以随意制定,而只能通过道德目的,从行为事实如何的客观本性中推导、制定出来。所制定的行为应该如何的道德规范之优劣,取决于对行为事实如何的客观规律和道德目的的认识之真假。

这样一来,元伦理学便不但为确定规范伦理学的研究对象及其体系的构建提供了科学的依据,而且为规范伦理学制定优良的道德规范提供了方法和前提:要使所制定的道德优良,必须一方面研究这种道德所规范的行为之事实如何;另一方面研究道德目的是什么。

举例说,无私利他与为己利他,究竟何者是优良的道德原则? 这属

---

[1] William K.Frankena: Ethics, Prentice-Hall, Inc., Englewood Cliffs New Jersey, 1973, p.96.

于规范伦理学的研究范围。但是，怎样才能确证这一点呢？只有运用元伦理学理论，一方面研究人的行为事实上究竟能否无私利他和为己利他；另一方面研究道德目的究竟是什么。对于二者的研究，从历史上看，有两种相反的理论模型：

模型1 一方面，真理确如利他主义所说，事实上每个人不但能够为己利他，而且能够无私利他；另一方面，真理确如义务论所说，道德目的、道德终极标准并不是增进每个人利益，而是增进每个人的品德完善。那么，为己利他便因其不是品德的完善境界、不符合道德目的，而是错误的、恶劣的道德原则。而只有无私利他才因其是品德的完善境界、符合道德目的，从而是正确的、优良的道德原则。

模型2 一方面，真理确如利己主义所说，事实上每个人只能够为己利他，而不可能无私利他；另一方面，真理也确如功利主义所说，道德目的、道德终极标准并不是增进每个人的品德完善，而是增进每个人利益。那么，为己利他便因其符合道德目的，从而是正确的、优良的道德原则。反之，无私利他则因其违背人的事实如何的客观本性，从而是错误的、恶劣的道德原则。

可见，元伦理学不但解决了规范伦理学体系的科学构建，而且通过对于"应该如何与事实如何"的关系的探究而达成对于道德价值判断和道德规范的证明：一方面是证明我们对于"应该如何"的道德认识之真伪的方法，另一方面是证明我们所制定的"应该如何"的道德规范之优劣的方法。

但是，元伦理学仅仅是道德价值判断之真伪和道德规范之优劣的证明方法，它仅仅探究如何才能确立道德价值判断之真理和如何才能制定优良的道德规范。它并不确立任何可以指导行为的道德判断之真理，也不制定任何优良的道德规范。所以，它不能指导任何行为，因而仅仅就其自身来说是无用的、没有意义的。它的用处和意义全在于指导规范伦理学如何确立道德价值判断的真理和制定优良道德规范。规范伦理学则应用元伦理学关于确立道德价值判断之真理和制定优良的道德之方法，确立道德价值判断真理，制定优良的道德。所以，规范伦理学能够指导一切行为，因而就其自身来说就是有用的，有意义的：规范伦理学是元伦理学的目的，元伦理学是规范伦理学的方法。

因此，没有元伦理学，规范伦理学便没有科学的方法，就无法科学地、系统地研究"道德应该、道德善和道德价值"，就不可能科学地确定自己的研究对象和体系的科学构建，就难以确立具体的可以指导行为的道德之真理、难以制定具体的可以指导行为的优良的道德。反之，没有规范伦理学，元伦理学则失去了目的和意义。于是，作为两门独立的科学，元伦理学与规范伦理学都是片面的、偏狭的、错误的、不能成立的。二者并非两门独立科学，而是构成一门科学——科学的伦理学——的不可分离的两部分：元伦理学是科学的伦理学的导引，规范伦理学是科学的伦理学的正文。

诚然，当代西方伦理学家已经看到：元伦理学是一种关于道德价值判断之真伪的证明方法的伦理学，因而是指导规范伦理学研究的科学方法。约翰逊还曾进一步论述说："伦理学家通过怎样的过程得出他的结论？当他论述一种理论，比如关于人的善生活的理论，他究竟诉诸什么来支持它？他的理论是像科学理论那样基于经验的证据，还是基于权威，抑或直觉和道德洞见以及其他为伦理学所特有的方法？根本讲来，伦理学理论是可以辩护的吗？最后的这个问题导致元伦理学所一直研究的一系列最重要的知识问题。"[1]

因此，道格拉斯·盖维特十分正确地指出："元伦理学研究的问题，

---

[1] Oliver A.Johnson: Ethics Selections From Classical and Contemporary Writers ,Fourth Edition Holt,Rinehart and Winston,Inc., New York ,1978 , p.12 .

逻辑上先于规范伦理学问题。"① 迈克尔·史密斯（Michael Smith）也这样写道："哲学家们使元伦理学问题先于规范伦理学问题无疑是正确的。"② 说得最准确的恐怕还是摩尔：元伦理学是"任何可能以科学自命的未来伦理学的绪论"。③ 但是，由于当代西方伦理学家没有破解休谟难题，一方面，他们还没有发现证明道德价值判断之真伪的科学方法，没有发现道德价值判断之真假，直接来说，取决于其与行为应该如何的道德价值是否相符。根本来说，则取决于关于行为事实如何的事实判断之真假和关于道德目的的主体判断之真假。

另一方面，当代西方伦理学家还没有发现，元伦理学就是关于优良道德规范制定方法的伦理学，就是关于优良道德规范直接依据道德价值判断——最终依据行为事实判断以及道德目的之主体判断——之真理的制定方法的伦理学。因此，他们并不清楚：元伦理学究竟是一种怎样指导规范伦理学的方法。这一点的明证，岂不就是两本写得很好的伦理学——弗兰克纳的《伦理学》和彼彻姆的《哲学伦理学》④——竟然都把元伦理学放在最后？元伦理学既然是规范伦理学的方法，怎么不放在规范伦理学之前，反倒置于其后？

然而，这些还不是当代西方伦理学的主要缺陷，主要的缺陷恐怕在于以为伦理学表面看来是三门学科——元伦理学与规范伦理学以及美德伦理学，而实际上却只有两门：一门是元伦理学，另一门是规范伦理学或美德伦理学。因为当代西方伦理学家竟然一致认为：规范伦理学与美

---

① John K.Roth: International Encyclopedia of Ethics, Printed by Braun-Brumfield Inc., U.C, 1995, p.554.
② Michael Smith: The Moral Problem ,Oxford UK and Cambridge USA BLACKWELL,1995, p.2.
③ G.E.Moore: Principla Ethica ,China Social Sciences Publishing House Chengcheng Books, 1999, p.35.
④ William K.Frankena: Ethics, Englewood Cliffs ,New Jersey :Prentice-Hall, Inc., 1973.
　om L. Beauchamp,Philosophical Ethics,New York : McGraw-Hill Book Company, 1982.

德伦理学并不是研究对象不同的两门科学，而不过是研究同一对象的两种模式。这种观点能成立吗？

2. 同一对象的两种研究模式：规范伦理学与美德伦理学

20世纪60年代以来，脱离规范伦理学而妄图独撑伦理学大厦的元伦理学开始走下坡路。代之而起的，一方面是以罗尔斯的《正义论》为代表的传统规范伦理学的复兴；另一方面则是反对规范伦理学的所谓美德伦理学（Virtue Ethics）的兴起。美德伦理学兴起之始，据格雷戈里·维尔艾泽考·Y.特诺斯盖（Gregory Velazco Y.Trianosky）说，是一篇问世于1958年的论文："重新唤起人们极大兴趣的美德问题之争端，肇始于伊丽莎白·安斯康布的著名论文'现代道德哲学'。"[1] 从那时以至今日，美德伦理学的呼声虽然越来越高，却一直构建不出自己的科学体系，甚至没有一本可以称为"美德伦理学"的理论专著问世。

因此，人们都知道有美德伦理学，却不知道谁——或许除了麦金泰尔——是美德伦理学的代表人物。美德伦理学的代表人物，或许还有彼得·杰奇（Peter Geach）、菲力帕·福特（Philippa Foot）、迈克尔·斯洛特（Michael Slote）、G.H.沃恩·赖特（Von Wright）、加里·沃森（Gary Watson）、格雷戈里·维尔艾泽考·Y.特诺斯盖以及华莱士（Wallace）、泰勒（Taylor）、沃诺克（Warnock）等。

但是，据今日美德伦理学家说，美德伦理学还是有它的大师的，那就是亚里士多德和阿奎那：美德伦理学的"最为系统的创立者无疑是亚里士多德以及混合亚里士多德与基督教哲学的阿奎那"[2]。所以，美德伦理学听起来似乎新鲜，却有一个漫长而辉煌的历史："关于美德特别是各种美德的哲学兴趣有一个'漫长'——这个词可能不够确切——而卓越的

---

[1] Daniel Statman: Virtue Ethics, Edinburgh University Press, 1997, p.44.
[2] Philippa Foot: Virtues and Vices and Other Essays in Moral Philosophy, University of California Press Berkeliy and Los Angeles, 1978, p.1.

历史。"[1]那么，美德伦理学究竟是什么？

问题的关键在于，元伦理学和规范伦理学以及美德伦理学，在当代西方学者那里，并非伦理学的三门学科，而是伦理学的两门学科。自1903年元伦理学诞生以来，半个多世纪，伦理学家们一直认为伦理学由元伦理学与规范伦理学构成，而美德理论则包括在规范伦理学之内。道格拉斯·盖维特说："规范伦理学理论关注功利主义、利己主义、康德形式主义、美德伦理学等等，诸如此类的一般伦理学理论的比较研究。"[2]大卫·科普（David Copp）也这样写道："规范伦理学包括关于诸如死刑等具体道德问题及其普遍形式的立场和原则的哲学辩护，包括关于普遍的道德原则和规范的道德理论，如功利主义理论和美德理论以及义务理论的辩护。"[3]但是，20世纪60年代以来，美德伦理学家崛起。在美德伦理学家看来，伦理学并非由元伦理学和规范伦理学构成，而是由元伦理学与美德伦理学构成。

原来，美德伦理学家与规范伦理学家一致认为，规范伦理学和美德伦理学的研究对象完全相同，皆由两大部分构成：一部分是"道德、规范和行为"，另一部分是"美德、品德、行为者"。规范伦理学家们将这两部分的研究叫作"规范伦理学"，因为他们是道德中心论者，认为居于伦理学体系中心地位的，是道德、规范和行为，而不是品德、美德和行为者；反之，美德伦理学家们则将这两部分的研究叫作"美德伦理学"，因为他们是美德中心论者，在他们看来，居于伦理学体系中心地位的，是品德、美德和行为者，而不是道德、规范和行为。

---

[1] Michael Slote: FROM MORAILITY TO VIRTUE ,Oxford Uniyersity Press New York Oxford, 1992, p.87.

[2] John K.Roth: International Encyclopedia of Ethics，Printed by Braun-Brumfield Inc., U.C 1995, p.554.

[3] Lawrence C.Becker: Encyclopedia of Ethics Volume II，Garland Publishing,Inc., New York 1992, p.790.

内森·R.科勒（Nathan R.Kollar）在界说美德伦理学的词条时便这样写道："大多数当代伦理学（亦即规范伦理学——译者）都以规范或效果所证明的特定行为为中心。美德伦理学则以作为善的品质之结果的善的评价为中心。"① 巴巴拉·麦金诺（Barbara MacKinnon）亦如是说：在规范伦理学中，"美德是第二位的。它的主要的、基本的目的与其说是成为善良的人，不如说是做善良的事。在美德伦理学中，主要的、基本的目的则是成为善良的人"②。麦金泰尔反对现代通行的规范伦理学，而主张复兴亚里士多德的美德伦理学，也是因为规范伦理学"对亚里士多德传统的拒绝，乃是拒绝了一种相当独特的道德，在这种道德中，规范——它在现代道德理论中居于主要地位——不过是从属于美德居于中心地位的更大体系中的一部分罢了"③。"在这种目的论的体系中，'碰巧成为的人'和'认识到自身的主要天资而可能成为的人'之间存在着基本对比。伦理学就是使人懂得如何从前者转化为后者的科学。"④

可见，在当代西方学者那里，规范伦理学并不排斥和取代美德伦理学的研究对象：它也研究品德、美德和行为者，只不过对品德、美德和行为者的研究居于从属的、次要的、被决定的地位。所以，弗兰克纳说："美德在规范伦理学中的位置不同于美德伦理学所赋予它的那种地位。"⑤ 同样，美德伦理学也并非排斥和取代规范伦理学对象：它也研究道德、规范和行为，只不过对道德、规范和行为的研究居于从属的、次要的、被决定的地位。所以，麦金泰尔在反驳人们认为他要以美德伦理学

---

① John K.Roth: International Encyclopedia of Ethics, Printed by Braun-Brumfield Inc., U.C 1995, p.915.
② Barbara MacKinnon: Ethics, Wadsworth Publishing Company San Francisco, 1995, p.90.
③ Alasdair Macintyre: After Virtue, China Social Sciences Publishing House Chengcheng Books Ltd., 1999, p.239.
④ Alasdair Macintyre: After Virtue, China Social Sciences Publishing House Chengcheng Books Ltd., 1999, p.50.
⑤ William K.Frankena: Ethics, Prentice-Hall, Inc., Englewood Cliffs New Jersey, 1973, p.66.

取代规范伦理学的误解时写道:"他们误把这本书解释为对作为代替'一种规则伦理'的'一种美德伦理的辩护'。这种批评没有注意到下面这个方面:在此方面,任何充分的德性伦理都需要'一种法则伦理'作为其副本。"[1]

不难看出,西方伦理学家对于规范伦理学和美德伦理学的界定是不能成立的。导致这种错误的根本原因,无疑是以偏概全,夸大了规范伦理学和美德伦理学各自研究对象。被他们奉为规范伦理学(或美德伦理学)对象的两大部分——"道德、规范、行为"与"品德、美德、行为者"——实际上根本不同,分别是规范伦理学和美德伦理学的研究对象。

诚然,我们也可以像当代西方伦理学家那样,将这两部分当作一门学科对象来研究;甚至也可以将元伦理学对象与这两部分放在一起,都当作一门学科对象来研究。从亚里士多德到1903年摩尔发表元伦理学名著《伦理学原理》以前,两千多年来伦理学家们不都是将构成伦理学对象的这三大部分不加区分地当作一门学科对象来研究的吗?

但是,现在如果我们还这样来研究伦理学就是不科学的了。因为科学发展的规律就是分门别类:一方面,将我们所面对的世界分为根本不同部分,分别由不同科学研究,而分别称为《哲学》《社会科学》《自然科学》等;另一方面,又进一步将同一门科学研究对象分为几个根本不同部分,分别由不同科学和学科研究,如将《哲学》研究对象分为根本不同的几部分,分别由《伦理学》《逻辑学》《美学》等科学研究;再进一步将《伦理学》等哲学学科研究对象分为根本不同的几个部分,分别由元伦理学和规范伦理学等学科研究。伦理学究竟分为多少学科,取决于伦理学对象究竟分为多少根本不同部分。

自亚里士多德以降,人皆误以为伦理学只有一门学科:关于道德的

---

[1] 麦金泰尔:《谁之正义?何种合理性?》,当代中国出版社,1996年版,第2页。

科学。1903年摩尔发表元伦理学专著《伦理学原理》，人皆误以为伦理学只有两门学科：元伦理学与规范伦理学。20世纪60年代以来，美德伦理学崛起，虽然人皆误以为规范伦理学与美德伦理学并非研究不同对象的两门科学，而不过是研究同一对象的两种模式。但是，这种谬误却包裹重大真理，亦即揭示了"美德、品德"与"道德、规范"的根本不同，从而表明伦理学——关于道德的科学——原来由根本不同却又不可分离的三大部分构成：优良道德推导方法（元伦理学对象）、优良道德推导过程（规范伦理学对象）、优良道德实现途径（美德伦理学对象）。这样一来，伦理学岂不明明白白由"元伦理学与规范伦理学以及美德伦理学"三大学科构成？不但如此，道德中心论与美德中心论之争，还提出了一个极端复杂和重要的问题：伦理学体系构建和学科分类的中心学科究竟是什么？

3. 伦理学的中心学科：道德中心论与美德中心论

细察当代西方美德伦理学家的著作，令人十分困惑：他们对于伦理学为什么应以美德为中心——"品德""美德""是什么人"比"道德""规范""做什么"更为根本、更重要、更具决定意义——的论点，并没有什么严谨的理论论证。这种论证，就是在麦金泰尔自称是"集中关注美德与规则之间联系的本性"[①]的巨著《谁之正义？何种合理性？》里面，也找不到。所以，在他们那里，美德中心论的结论，与其说得自理论论证，不如说是得自直觉感悟。

他们的这种感悟主要在于：做具有美德的人比做符合道德规范的事更为根本、更重要、更具决定意义，因而美德比规范更为根本、更重要、更具决定意义。因为人们如果没有美德，那么再好的道德规范也不可能被遵守，因而也就等于零。反之，只有当人们具有美德时，道德规范才

---

① 麦金泰尔：《谁之正义？何种合理性？》，当代中国出版社，1996年版，第2页。

能被遵守，从而得到实现。美德中心论大师麦金泰尔便这样写道："无论如何，在美德与规则之间具有另一种极其重要的联系，那就是，只有具有正义美德的人，才可能知道怎样施行规则。"① 吉尔伯特·C.梅林德（Gilbert C.Meilaender）亦如是证明："只有正确地'是'，才可能正确地'做'。"②

诚然，如果人们没有美德，那么再好的道德规范也不可能真正被遵守，从而得到实现。只有当人们具有美德时，道德规范才能真正被遵守，从而得到实现。但是，由此能否得出结论说：美德比道德规范更为根本、更为重要、更具决定意义？答案是否定的。事实恰恰相反，一个国家绝大多数国民品德的好坏，完全取决于该国国家制度的好坏，说到底，取决于该国所奉行的道德规范的好坏。

因为，所谓制度，正如罗尔斯和诺斯所言，是一定的行为规范体系："我将把制度理解为一种公开的规范体系。"③ "制度是为约束在谋求财富或本人效用最大化中个人行为而制定的一组规章、依循程序和伦理道德行为准则。"④ 康芒斯讲得就更为形象了："制度似乎可以比作一座建筑物，一种法律和规章的结构，正像房屋里的居住人那样，个人在这结构里面活动。"⑤

不言而喻，社会所制定或认可的一切行为规范无非两类：权力规范和非权力规范。所谓权力规范，也就是法（包括法律、政策和纪律等），是依靠权力来实现的规范，是应该且必须遵守的行为规范，如不许杀人

---

① Alasdair Macintyre: After Virtue, China Social Sciences Publishing House Chengcheng Books Ltd., 1999, p.143.
② Gilbert C.Meilaender: The Theory and Practice of Virtue ,University of Notre Dame Press, 1984,p.x.
③ John Rawls: A Theory of Justice（Revised Edition）, The Belknap Press of Harvard University Press Cambridge,Massachusetts,2000, p.47.
④ 罗尔斯：《正义论》，中国社会科学出版社，1988年版，第195页。
⑤ 康芒斯：《制度经济学》上册，商务印书馆，1997年版，第86页。

放火、抢劫偷盗等。所谓非权力规范，亦即道德，是仅仅依靠非权力力量——如舆论和名誉以及良心的力量——来实现的规范，是应该而非必须遵守的规范，如应该助人为乐、宽容、节制、仁慈、谦虚等。

如果抛开规范所依靠的力量而仅就规范本身来讲，道德与法是一般与个别的关系。因为一方面，道德不都是法，如无私利他、助人为乐、同情报恩等都是道德，却不是法；另一方面，法同时都是道德，如"不得滥用暴力""不得杀人""不得伤害""不可盗窃""抚养儿女""赡养父母"等岂不都既是法律规则同时也是道德规则吗？

因此，如果抛开规范所依靠的力量而仅就规范本身来讲，法是道德的一部分：道德是法的上位概念。那么，法究竟是道德的哪一部分呢？无疑是那些最低的、具体的道德要求：法是最低的、具体的道德。这个道理被耶林（Jelling，1851—1911）概括为一句名言："法是道德的最低限度。"因此，"最低的具体的道德"与"法"乃是同一规范。二者的不同并不在于规范，而在于规范所赖以实现的力量：同一规范，若依靠权力实现，即为法；若不依靠权力而仅仅依靠舆论等，则是道德。

可见，抛开规范所依靠的力量而仅就规范本身来讲，一切法都不过是那些具体的、最低的道德，因而也就都产生于、推导于、演绎于道德的一般的普遍的原则。所以，法自身都仅仅是一些具体的特殊的琐琐碎碎的规则，法自身没有原则。法是以道德原则为原则的：法的原则就是道德原则。法的原则、法律原则，如所周知，是正义、平等、自由等。这些原则，真正讲来，并不属于法或法律范畴，而属于道德范畴，属于道德原则范畴。

这是不言而喻的，因为谁会说正义是一项法律呢？谁会说平等是一项法律呢？谁会说自由是一项法律呢？岂不是只能说正义是道德、平等是道德、自由是道德吗？正义、平等、自由等都是道德原则，是社会治理的道德原则，因而也就是法律原则，也就是政治——政治是法的实现——原则。这就是法理学和政治哲学的核心问题都是正义、平等、自由的缘故：正义、平等、自由都是法和政治的原则。

这样一来，国家制度虽然包括经济制度和政治制度以及文化制度和社会制度，但是，一方面，就"制度"属于"行为规范体系"范畴来说，国家制度不过法和道德两大行为规范体系；另一方面，如果抛开规范所依靠的力量而仅就规范本身来讲，"法"不过是"最低的具体的道德"，因而一切国家制度说到底都属于"道德规范"范畴。

美德伦理学的研究表明，国家制度好坏是大体，是决定性的、根本性的因素。国民品德好坏是小体，是被决定性非根本性因素。国民品德好坏，总体来说，取决于国家制度好坏。只要国家制度好，绝大多数国民品德必定好；如果国家制度不好，绝大多数国民品德必定坏。因此，邓小平说：

"制度好可以使坏人无法任意横行，制度不好可以使好人无法充分做好事，甚至会走向反面。即使像毛泽东同志这样伟大的人物，也受到一些不好的制度的严重影响，以至于对党对国家对他个人都造成了很大的不幸——不是说个人没有责任，而是说领导制度、组织制度问题更带有根本性、全局性、稳定性和长期性。"[1]

问题的关键在于：国家制度不过是一种法与道德的规范体系，说到底，都属于道德规范范畴。因此，说到底，一个国家所奉行的道德规范的好坏，就是大体，是决定性的、根本性的因素。国民品德好坏则是小体，是被决定性非根本性因素。国民品德好坏，总体来说，取决于所奉行的道德规范的好坏。一个国家只要所奉行的道德规范好，绝大多数国民品德必定好。如果所奉行的道德规范不好，绝大多数国民品德必定坏。试举伦理学所研究的国家制度体系中的三条优良道德规范——三条自由

---

[1]《邓小平文选》第二卷，人民出版社，1994年版，第333页。

原则——以说明：

政治自由原则：一个国家的政治，应该直接或间接地得到每个公民的同意，应该直接或间接地按照每个公民自己的意志进行，说到底，应该按照被统治者自己的意志进行。

经济自由原则：经济活动应该由市场机制自行调节，而不应由政府管制，政府的干预应仅限于确立和保障经济规则；而在这些经济规则的范围内，每个人都应该享有完全按照自己的意志进行经济活动的自由，都享有完全按照自己的意志进行生产、分配、交换和消费等经济活动的自由。

思想自由原则：每个社会成员都应该享有获得与传达任何思想的自由。

不难看出，一个国家如果奉行诸如此类优良道德规范，该国政治必定清明，经济发展必定迅速，财富分配必定公平，文化必定繁荣，每个人必定都能够充分实现自己的创造性潜能。这样一来，国民的美德与幸福势必一致，物质需要满足的程度必定充分，做一个有美德的人的道德欲望和道德认识以及道德意志必定强烈，从而绝大多数国民的品德必定高尚。反之，一个国家如果奉行与此相反的恶劣道德规范，该国政治必定腐败，经济必定停滞不前，财富的分配必定不公平，文化必定萧条，每个人的创造性潜能必定难以实现。这样一来，国民的美德与幸福必定背离，物质需要满足必定不充分，做一个好人的道德欲望和道德认识以及道德意志必定淡薄，从而绝大多数国民品德必定恶劣。

由此可见，国民品德好坏，取决于国家制度好坏，说到底，取决于所奉行的道德规范的好坏。这样一来，虽然做具有美德的人比做符合道德规范的事，更为根本、更重要、更具决定意义，但是，绝大多数国民能否做一个具有美德的人，却完全取决于所奉行的道德规范的好坏。因此，说到底，道德规范比美德更为根本、更重要、更具决定意义。

美德中心论误以为美德比道德规范更根本，显然是因为，一方面，只看到"做具有美德的人比做符合道德规范的事更为根本"，却没有看到"能否做具有美德的人取决于所奉行的道德规范好坏"。另一方面，不懂得道德规范有优劣好坏之分，更不懂得国家制度是一种道德规范体系：这种道德规范的好坏决定绝大多数国民品德好坏。

美德中心论不能成立，还在于所谓美德，正如亚里士多德所指出的，不过是一个人长期遵守道德规范的行为所形成和表现出来的心理自我："德性则由于先做一个一个简单行为，而后形成的。这和技艺的获得一样。当我们学习过了一种技艺时，我们愿意去做这种技艺，于是去做。就由于这样去做，而学成了一种技艺。我们由于从事建筑而变成建筑师，由于奏竖琴而变成竖琴演奏者。同样，由于实行正义而变为正义的人，由于实行节制和勇敢而变为节制的、勇敢的人。"[①]

可见，每个人的品德乃是他的行为长期遵守或违背道德规范所得到的结果："道德""规范"和"做什么"是原因，"品德""美德"和"是什么人"则是结果。这岂不意味着道德规范比美德更为根本、更重要、更具决定意义？这就是为什么，从伦理学体系的构成来看，首要的、主要的、根本的、绝大部分的内容不能不是"道德""规范"和"行为""做什么"。而"品德""美德"和"是什么人"则只能是最后的、结论的、极少部分的内容。

试想，伦理学能够首先或直接研究"我应该是一个无私利他的人"吗？绝不能。因为是否应该做一个无私的人，显然是以实际上是否能够存在无私的行为为前提的：如果确如孔德、康德、孔子、墨子等利他主义论者所说，存在无私的行为，那么，"无私利他"才可能被确立为道德规范，从而"我应该是一个无私利他的人"才可能成立。如果爱尔维修、

[①] 周辅成编：《西方伦理学名著选辑》上卷，商务印书馆，1954年版，第292页。

霍尔巴赫、费尔巴哈等利己主义论者说得对，根本就不存在无私的行为，那么，"无私利他"便不应该被确立为道德规范，因而"我应该是一个无私利他的人"就纯属无稽之谈了。

即使实际上存在无私的行为，"我应该是一个无私利他的人"也未必就能成立。它的成立还需要一系列的其他前提，如：道德最终目的研究。如果道德最终目的，如尼采、萨特、杨朱、庄子等个人主义论者所说，是为了自我利益，那么，无私利他、自我牺牲便不符合道德最终目的，因而便不应该被确立为道德规范，于是我也就不应该做一个无私利他的人。如果道德最终目的，如孔子、康德、基督教所说，是为了完善自我品德，那么，无私利他、自我牺牲便符合道德最终目的，因而便是应该如何的道德规范，从而我才应该做一个无私利他的人。

这就是为什么，从伦理学体系的构成来看，"道德""规范""行为""做什么"是前提、理由、原因，占有首要的、主要的、根本的、绝大部分的内容。而"品德""美德""是什么人"则是结论、结果，仅仅占有最后的、次要的、非根本的、极少部分的内容。这是不难理解的，因为一般来说，前提总比结论更为复杂、更为重要，原因总比结果更为根本、更具决定意义。所以，"规范"和"做什么"总是比"美德"和"是什么人"更为根本、更为复杂、更为重要、更具决定意义。

确实，"我应该做什么"极其复杂、重要、根本：究竟应该无私，还是利己？应该无私利他还是为己利他？应该增进最大多数人最大幸福，还是为义务而义务？应该诚实而见死不救，还是说谎救人？应该应征杀敌，还是在家赡养父母？这些都是两千年来伦理学家们一直争论不休而至今未决之难题。反之，"我应该是什么样的人"则是个极为简单、次要、非根本的问题：我只要长期按照"我应该做什么"的道德规范行事就可以达到了。

由此可以理解，为什么亚里士多德伦理学是所谓的美德伦理学，为什么他的伦理学的全部内容几乎都是"美德""品德""应该是什么人"问题：这只是因为它是伦理学发展的原始的、初始的、低级的知识积累阶段。人类的认识总是从观察结果到追溯原因，从直观的具体到思辨的抽象，从简单的外在的现象到复杂的内在的本质。随着人类认识的发展，伦理学的中心才可能由诸如"美德""品德""应该是什么人"这种简单的直观的具体的问题，逐渐转入复杂的抽象的深刻的"道德""规范""行为""应该做什么"的问题，进而转入优良道德规范制定方法之元伦理学问题：一方面，康德义务论伦理学和穆勒功利主义伦理学，是从亚里士多德的美德中心论转入道德中心论；另一方面，摩尔伦理学则是从道德中心论，转入优良道德规范推导和制定方法——元伦理学。一言以蔽之，近现代伦理学是这两种转化的完成形态，是伦理学发展的高级阶段。

然而，不论从哪一个阶段来看，伦理学都是一种规范科学，都是关于道德规范的科学，亦即关于优良道德规范的科学，说到底，亦即关于优良道德规范的推导、制定方法（元伦理学对象）和推导、制定过程（规范伦理学对象）以及实现途径（美德伦学对象）的科学：这就是伦理学的科学定义。就这个定义来看，美德伦理学无疑也是一种关于道德规范的伦理学，亦即关于道德规范如何实现的伦理学。

因此，就伦理学的定义来看，道德、规范具有独立的、完整的、全部的意义：它是伦理学的全部研究对象。反之，品德、美德则正如詹姆斯·雷切尔斯（Jammes Rachels）所说，完全从属于道德、规范——美德是道德规范的实现——从而只是伦理学的部分研究对象："根据这些理由，至为明显，最好是把美德理论作为整个伦理学理论的一部分，而不是作为一门完整的伦理学原理。"[①] 因此，在科学的伦理学的研究中，道德、规范和行为应该居于中心的、决定的、首要的地位；而品德、美德

---

① Stevn M Cahn and Peter Markie: Ethics :History,Theory,and Contemporary Issues ,Oxford University Press New York Oxford,1998, p.681.

和行为者则应该处于从属的、次要的、被决定的地位。

饶有风趣的是，美德中心论还有一个与"做具有美德的人比做符合道德规范的事更具决定意义"不同的论据——美德是评价一切行为正当与否的道德终极标准——这一论据不但没有证明美德中心，反倒说明美德从属于道德。这一论据的比较权威的阐释者，当推当代美德中心论者格雷戈里·维尔艾泽考·Y.特诺斯盖。他曾这样写道：

"如果以公式来更加精确地表示，那么，纯粹美德伦理学的主张可以归结为两点。首先，它主张至少一些美德判断能够独立于任何诉诸行为正当性的判断而被证实……其次，根据纯粹美德伦理学，美德是在先的，它最终决定任何正当的行为之正当。"[1]

丹尼尔·斯戴特曼（Daniel Statman）和杰拉西莫斯·X.斯坦特斯（Gerasimos X. Santas）等人论及美德伦理学的根本特征时，都引证这段话。后者又引证G.沃森（G.Watson）作为进一步说明："1.过一种人类所特有的生活（这是充分地作为一个人的功能）要求拥有——比如说——某种美德特质T。2.因此，T是人的优越特质并且使它们的拥有者达到真正的人的程度。3.依据于T的某种行为W（T的正反实例）。4.因此，W是正当的（善的或不正当的）。"[2] 最后，斯坦特斯总结道："在美德伦理学中，正当的行为界说于、或得自于、或确证于、或解释于美德。"[3]

这就是说，美德乃是评价一切行为正当与否的道德终极标准。姑且承认美德中心论的这一论断是真理。但是，这一论断岂不明明白白地说：美德是一种道德终极标准，属于"道德标准""道德规范""道德"范畴——三者是同一概念——因而从属于道德规范吗？更何况，"美德乃是

---

[1] Daniel Statman: Virtue Ethics, Edinburgh University Press, 1997, p.43.
[2] Daniel Statman: Virtue Ethics, Edinburgh University Press, 1997, p.261.
[3] Daniel Statman: Virtue Ethics, Edinburgh University Press, 1997, p.262.

评价一切行为正当与否的道德终极标准",如所周知,乃是康德义务论规范伦理学——而不是反对它的美德伦理学——的核心理论。

综上可知,美德中心论则是一种似是而非的诡辩,而道德中心论堪称真理:伦理学体系结构的核心是道德规范而不是美德。那么,是否可以说伦理学体系结构的核心是规范伦理学?答案是肯定的。因为伦理学体系由元伦理学和规范伦理学与美德伦理学构成。伦理学体系的核心是道德规范而非美德,显然意味着美德伦理学不是伦理学体系的核心。那么,如果元伦理学也不是伦理学体系的核心,规范伦理学便是伦理学体系的核心了。元伦理学不可能是伦理学体系的核心。因为元伦理学不过是规范伦理学的方法而已:规范伦理学是元伦理学的目的。于是,我们可以得出结论说伦理学体系由元伦理学和规范伦理学以及美德伦理学构成,结构核心是规范伦理学;伦理学学科分为元伦理学和规范伦理学以及美德伦理学,中心学科是规范伦理学。

问题的关键还在于,规范伦理学是伦理学的中心学科,显然意味着伦理学对象的中心是道德规范。而道德规范分为道德原则和道德规则:道德规则不过是道德原则的引申和实现,道德原则无疑远远重要和复杂于道德规则。因此,伦理学主要是关于道德原则的科学。伦理学所研究的道德原则,如上所述,可以归结为七条,亦即善、正义、平等、人道、自由、异化和幸福:善是一切伦理行为应该如何的道德总原则,幸福是善待自我的道德原则,正义与平等以及人道、自由、异化五大道德原则主要是国家制度好坏的价值标准。

这样,一方面,从量上看,伦理学所研究的道德原则绝大多数都属于国家制度好坏的价值标准范畴;另一方面,从质上看,公正与平等以及人道与自由等国家制度好坏的价值标准,无疑远远重要于善和仁爱,远远重要于其他一切道德原则。因此,亚里士多德一再说:"在各种德性中，人们认为公正是最重要的。"①

斯密也这样写道："社会存在的基础与其说是仁慈，毋宁说是公正。没有仁慈，社会固然处于一种令人不快的状态，却仍然能够存在；但是，不公正的盛行则必定使社会完全崩溃。……仁慈是美化建筑物的装饰品而不是支撑它的地基，因而只要劝告就已足够而没有强制的必要。反之，公正是支撑整个大厦的主要支柱。如果去掉了这根柱子，人类社会这个巨大而广阔的建筑物必定会在一瞬间分崩离析。"②罗尔斯则一言以蔽之曰："公众的正义观乃是构成一个组织良好的人类联合体的基本宪章。"③

因此，伦理学，就其最重要和最主要的部分来说，亦即就其核心与基础来说，乃是一种关于国家制度好坏的价值标准的科学。不但此也，如果就伦理学的全部研究对象——伦理学是关于优良道德的科学——来看，那么，伦理学不但主要研究国家制度好坏的价值标准，还包括对于国家制度好坏的研究。因为国家制度就是行为规范体系，就是法和道德的规范体系。如果抛开规范所依靠的力量而仅就规范本身来讲，"法"与"最低的具体的道德"乃是同一规范，因而一切国家制度都属于"道德规范"范畴。这就是为什么我国有"半部《论语》治天下"之说。这就是为什么亚里士多德在《尼各马科伦理学》一开篇便一再强调，伦理学属于政治科学：

"一切技术，一切规划以及一切实践和抉择，都以某种善为目标……如若是这样，那么就要力求弄清至善到底是什么；在各种科学和能力中，到底谁以它为对象。人们也许认为它属于最高主宰的科学，最有权威的科学。不过，它显然是种政治科学……所以，人自身的善也就是政治科

---

① 《亚里士多德全集》第八卷，中国人民大学出版社，1997年版，第96页。
② Adam Smith: the Theory Of Moral Sentiments, China Sciences Publishing House Chengcheng Books Ltd., Beijing, 1979, p.86.
③ John Rawls: A Theory of Justice (Revised Edition), The Belknap Press of Harvard University Press Cambridge, Massachusetts, 2000, p.5.

学的目的。一种善即或对于个人和对于城邦来说,都是同一的,然而获得和保持城邦的善显然更为重要,更为完满。一个人获得善值得嘉奖,一个城邦获得善却更加荣耀,更为神圣。讨论到这里,就可知道,这门科学就是政治科学。如若有关主题的材料已经清楚,这里所说的也就足够了。不能期待一切理论都同样确切,正如不能期待人工制品都同样精致一样。政治学考察高尚和正义。"[1]

---

[1]《亚里士多德全集》第八卷,中国人民大学出版社,1992年版,第4~5页。

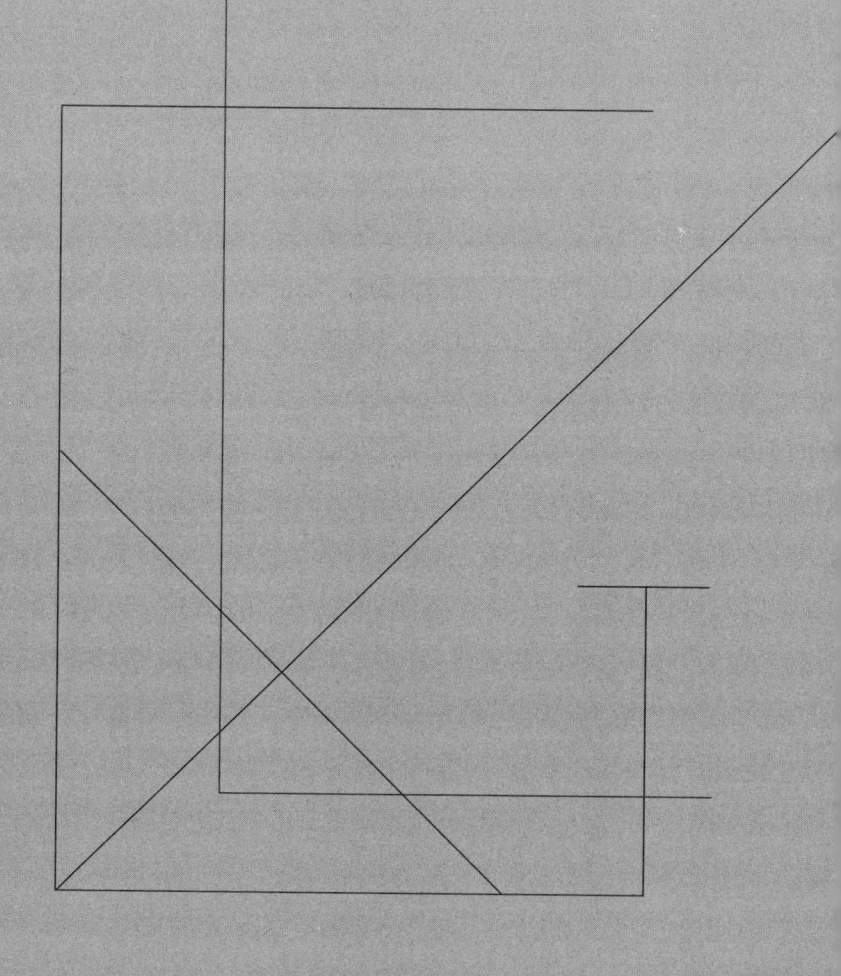

中篇
元伦理学范畴体系

第二章
元伦理学范畴：伦理学开端概念

本章提要

价值是客体对于主体需要（及其经过意识的各种转化形态，如欲望和目的）的效用。这个效用论价值定义的成立，必须解决两大难题：商品价值论和自然内在价值论。

误以为"价值悖论"——"水的效用大而交换价值小"——是个不争的事实，使斯密、李嘉图和马克思否定"效用价值论"而代以"劳动价值论"："商品交换价值不是商品效用，而是商品中所凝结的劳动。"边际效用论则通过"使用价值是商品边际效用"的伟大发现，说明水交换价值小，是因其数量多而边际效用小，从而表明"价值悖论"不能成立，终结了劳动价值论的统治，使我们又回到了自亚里士多德以来历代相沿的效用价值论：商品价值是商品对人需要的效用。只不过，商品使用价值是商品对消费需要的边际效用；商品交换价值则是商品使用价值对交换需要的效用，说到底，也就是商品边际效用对交换需要的效用。因此，商品价值论并没有证伪而是证实了效用论价值定义。

自然内在价值论的研究表明，只有生物才具有分辨好坏利害的评价能力和趋利避害的选择能力，因而对于生物来说，事物是有好坏、利害之分的，是有价值可言的：生物可以是价值主体，具有内在价值。这样，价值是客体对于主体的需要——及其经过意识的各种转化形态——的效用，便被自然内在价值论证明是普遍适用于一切价值领域的精确定义：它在植物、微生物和无脑动物所拥有的价值领域表现为客体对主体需要的效用；在有脑动物所拥有的价值领域表现为客体对主体的需要及其经过意识的各种转化形态（主要是欲望和目的）的效用；在人类所拥有的价值领域，则不但表现为客体对于主体的需要、欲望、目的的效用，而且可以表现为客体对于主体的理想（亦即主体远大的需要、欲望和目的）的效用。

一、价值概念：效用价值论

粗略来看，价值似乎是个不言自明的概念：价值不就是好坏吗？谁不知道好坏是什么呢？确实，价值与好坏是同一概念，价值就是好坏：好亦即正价值，坏亦即负价值。可是，细究起来，正如波吉曼所言："'价值'是一个极为含糊、暧昧、模棱两可的概念。"[1] 布赖恩·威尔逊斯（Bryan Wilsons）甚至认为："即使就全部概念来说，也几乎没有像价值概念这样难以界定的。"[2] 这种困难，恐怕首先表现在：给价值或好坏下定义，必须用"客体和主体"这些本身就相当复杂、一直争论不休的概念。因为所谓价值或好坏，如所周知，是个关系范畴。它们不是某物独自具有的东西，而是某物对于他物来说才具有的东西。我们说石头有价值，是个好东西，必定是对于什么东西——比如一个被狗追赶的人——来说的。离开这些东西，单就石头自身来说，石头是无所谓价值或好坏的。因此，价值总是指"什么东西对什么东西有价值"，总是指"什么东

---

[1] Louis P.Pojman:Ethical Theory: Classical and Contemporary Readings,Wadsworth Publishing Company USA,1995, p.145.
[2] Bryan Wilsons:Values Humanities Press International,Inc. Atlantic Highlands,1988, p.1.

西有价值"和"对谁（或对什么东西）有价值"。什么东西有价值，也就是所谓的价值客体问题，对谁有价值或对什么东西有价值，则是所谓价值主体问题。所以，界定价值概念的前提是界定主体和客体。

1. 主体与客体：主体性即自主性

主体首先是个关系范畴：一事物只有相对另一事物来说，才可能是主体；离开一定关系，仅就事物自身来说，是无所谓主体的。那么，主体是否只有相对客体来说，才是主体？并不是。主体还可以相对"属性"而言，是属性的本体、承担者，是属性所依赖从属的事物，亦即所谓的"实体"。从主体的词源来看，也是这个意思。主体源于拉丁语 subjectus，意为放在下面的、作为基础的，引申为某种属性的本体、实体、物质承担者。所以，亚里士多德说："第一实体之所以最正当地被称为第一实体，是因为它们乃是所有其他东西的基础和主体。"① 马克思、恩格斯也这样写道："物质是一切变化的主体。"② 主体还可以相对"宾词"而言，是主词、被述说者："一切可以表述宾词的事物，也可以被用来表述主体。"③ 主体还可以相对"次要组成部分"而言，指主要组成部分，如我们说"建筑中的主体工程""学生是五四运动的主体"等。主体的这些含义，显然不是主体作为伦理学等一切价值科学范畴的定义。因为作为价值科学范畴的"主体"，如所周知，乃是相对"客体"而言的主体。那么，相对客体而言的主体究竟是什么？

不难看出，相对客体而言的主体，是指活动者、主动者：主体是活动者、主动者，客体是活动对象，是被动者。但是，这并不是主体和客体的定义。因为，反过来，活动者、主动者并不都是主体；活动对象、被动者也并不都是客体。举例说，火山有活动期。活动期的火山，处于

---

① 《古希腊罗马哲学》，生活·读书·新知三联书店，1957年版，第309页。
② 《马克思恩格斯全集》2卷，人民出版社，1974年版，第164页。
③ 《亚里士多德全集》第一卷，中国人民大学出版社，1990年版，第4页。

活动状态，是一种活动的东西，是活动者。活动着的火山吞没了一座村子，村子是火山吞没的对象，是火山活动的对象：火山是主动者，村子是被动者。但是，我们显然不能说火山是主体，也不能说村子是被火山吞没的客体。可见，主体虽然都是活动者、主动者，但是，活动者、主动者却未必都是主体。那么，主体究竟是什么样的活动者、主动者？

原来，主体是一种能够自主的东西，是能够自主的主动者、活动者。所谓自主，如所周知，亦即选择之自主、自主之选择。这种选择与达尔文的"自然选择"不同。自然选择是一种自动机械式的自在的选择，是不具有分辨好坏利害能力的选择，是不具有"为了什么"属性的选择，是不能够趋利避害的选择。反之，自主的选择则是具有分辨好坏利害能力的选择，是具有"为了什么"属性的选择，是一种为了保持自己存在而趋利避害的选择，是一种自为的选择。因此，主体是能够自主的活动者，便意味着主体就是能够自主选择的活动者，就是具有分辨好坏利害能力的活动者，就是具有"为了什么"属性的活动者，就是能够为了保持自己存在而趋利避害的活动者。

试想，为什么吞没村子的活动者、主动者——火山——不是主体，然而洗劫村子的活动者、主动者——土匪——却是主体？岂不就是因为土匪具有自主的能力，而火山不具有自主能力？不就是因为土匪是能够自主的活动者，而火山是不能够自主的活动者？不就是因为土匪具有分辨好坏利害的能力，而火山不具有分辨好坏利害的能力？不就是因为土匪具有"为了什么"的属性，能够为了保持自己存在而趋利避害，而火山则不具有"为了什么"的属性，不能够趋利避害？所以，自主性就是主体之为主体的特性，就是所谓的主体性：它一方面表现为"分辨好坏利害的能力"，另一方面则表现为"为了保持自己存在而趋利避害的选择能力"。这样，相对客体而言的主体便仍然具有实体、本体的一切内涵，因为能够自主的活动者无疑属于实体、本体范畴。但是，主体同实体、本体是种属关系：实体、本体是一切属性的物质承担者；主体则仅仅是"自主"属性的物质承担者，是"分辨好坏利害的能力"和"为了保持自己存在而趋利避害的选择能力"的属性的物质承担者。

随着主体的界定，何谓客体也就迎刃而解了。因为所谓客体，显然就是主体的活动对象，是能够自主的活动者的活动对象，是活动者的自主活动所指向的对象。从客体的词源来看，也是此意。客体源于拉丁语objicio，意为扔在前面、置诸对面，引申为活动者的活动对象、主体的活动对象。这样，客体范畴就比主体范畴广泛、简单多了。因为一切东西——日月、星球、山河、湖泊、飞禽、走兽、人类、社会、思想、观念、实体、属性等——都可以是主体的活动对象，因而也就都可以是客体：客体既可能是实体，也可能是属性。甚至主体自身也可以是主体的活动对象，因而可以同时既为主体，又为客体。因为主体自身的活动也可以指向自身：自我认识、自我改造——作为认识者、改造者的自我是主体，作为认识对象、改造对象的自我则是客体。

2. 价值：客体对主体需要的效用

从主体和客体的基本含义——主体是能够分辨好坏利害的自主的活动者；客体是主体的活动所指向的对象——可以看出，主体的活动之所以指向客体，显然是因为客体具有某种属性，这种属性对主体具有好坏之效用，因而引起主体指向它的活动，以便获得有好处的东西，而避免坏处的东西。然而，究竟何谓好坏？

李德顺说："'好'和'坏'合起来，正是包含了正负两种可能的一般'价值'的具体表现。"[①] 是的，好坏合起来，便构成了所谓的价值概念。价值或好坏，就其最广泛的意义来说，无疑是主体和客体的一种相互作用、相互关系。[②] 但是，正如培里（Ralph Barton Perry）所说，价值

---

① 李德顺：《价值论》，中国人民大学出版社，1987年版，第12页。
② 李连科：《哲学价值论》，中国人民大学出版社，1991年版，第88页。

不是主体对于客体的作用或关系，而是客体对于主体的作用或关系："价值可以定义为客体对于评价主体的关系。"①

然而，价值是客体对于主体的一切东西的作用或关系吗？否！那么，价值是客体对于主体的什么东西的作用或关系？培里著名的"兴趣说"对此做了极为精辟的回答："现在可以承认，客体的价值在于它对于兴趣的关系。"②"价值可以定义为兴趣的函数。"③问题的关键在于，培里的兴趣概念外延极为广泛："兴趣是一连串由对结果的期望所决定的事件。"④它包括"'欲望''意愿'或'目的'"⑤总之，"'兴趣'一词应被视为下述名称的类名称，诸如，喜欢—不喜欢、爱—恨、希望—恐惧、欲求—避免及其他类似名称。这些名称所表示的意思就是兴趣一词所表示的意思"⑥。因此，培里在用兴趣界定价值之后，又写道："就现在的观点来说，价值最终必须被看作意愿或喜欢的函数。"⑦

可见，培里所说的"兴趣"之真谛，乃是需要经过意识的各种转化形态；更确切些说，也就是需要及其意识形态，如欲望、意愿、目的、兴趣、喜欢等。因此，我们可以进一步说，价值是客体对于主体的需要——及其各种转化形态，如欲望、目的、兴趣等——的作用。因为不言而喻，客体能够满足主体需要的作用，对于该主体来说，便叫作好、

---

① Ralph Barton Perry: General Theory of Value its meaning And Basic Principles Construed In Terms Of Interest Longmans, Green And Company 55 Fifth Avenue, New York, 1926, p.122.
② Ralph Barton Perry: General Theory of Value its meaning And Basic Principles Construed In Terms Of Interest Longmans, Green And Company 55 Fifth Avenue, New York, 1926, p.52.
③ Ralph Barton Perry: General Theory of Value its meaning And Basic Principles Construed In Terms Of Interest Longmans, Green And Company 55 Fifth Avenue, New York, 1926, p.40.
④ 培里等：《价值和评价》，中国人民大学出版社，1989年版，第45页。
⑤ Ralph Barton Perry: General Theory of Value its meaning And Basic Principles Construed In Terms Of Interest ,Longmans, Green And Company 55 Fifth Avenue, New York, 1926, p.27.
⑥ 培里等：《价值和评价》，中国人民大学出版社，1989年版，第51页。
⑦ Ralph Barton Perry: General Theory of Value its meaning And Basic Principles Construed In Terms Of Interest, Longmans, Green And Company 55 Fifth Avenue, New York, 1926, p.81.

正价值；客体阻碍满足主体需要的作用，便叫作坏、负价值；客体无关主体需要的作用，对于该主体来说，便叫作非好非坏，亦即所谓无价值。客体对于主体的好坏、非好非坏，无疑都是客体对主体需要的某种作用，亦即所谓的效用：效用显然属于作用范畴，是对于需要的作用。所以，牧口常三郎说："价值可以定义为人的生活与其客体之间的关系，它与经济学家们所使用的'效用'和'有效'这些术语没有什么不同。"[1]

于是，价值便是客体对于主体需要——及其各种转化形态，如欲望、目的、兴趣等——的效用性，简言之，便是客体对主体需要的效用。从价值的词源上看，也是此意。因为价值一词，正如马克思所指出，源于梵文的Wer（掩盖、保护）和Wal（掩盖、加固）以及拉丁文的vallo（用堤围住、加固、保护）和valeo（成为有力的、坚固的、健康的），引申为"有用"。所以，马克思说："贝利和其他人指出，'value, valeur'这两个词表示物的一种属性。的确，它们最初无非是表示物对于人的使用价值，表示物的对人有用或使人愉快等等的属性。事实上，'value, valeur, Wert'这些词在词源学上不可能有其他的来源。"[2]

那么，价值是客体的一切属性对于主体的需要——及其各种转化形态，如欲望、目的、兴趣等——的效用吗？是的。客体的一切属性无非固有属性和关系属性。固有属性如质量的多少和电磁波长短等。关系属性则分为事实关系属性（如颜色和声音）与价值关系属性（如好坏、用途）。价值可以是客体的固有属性和事实属性对于主体的作用，自不待言。价值也可以是客体的价值、用途、效用对于主体的效用。举例说，商品的使用价值是商品事实属性对于使用、消费需要的边际效用，而商品交换价值则是商品使用价值对于交换需要的效用，说到底，也就是商品边际效用对于交换需要的效用。

---

[1] Tsunesaburo Makiguchi: Philosophy of Value Seikyo Press Tokyo 1964, p.75.
[2] 《马克思恩格斯全集》26卷111，人民出版社，1974年版，第326页。

因此，价值乃是客体的一切属性对于主体的需要——及其各种转化形态，如欲望、目的、兴趣等——的效用，亦即客体对于主体的需要——及其各种转化形态，如欲望、目的、兴趣等——的效用，简言之，亦即客体对主体需要的效用。这一定义，不妨称为"效用论价值定义"。这个定义，不但符合常识，而且在学术界，正如赖金良所言，实际上也已经得到公认。①甚至那些反对效用论的定义，推敲起来，实际上与效用论也并无二致。试看几个颇具代表性的定义。

首先，是所谓的"关系说"。李连科写道："所谓价值，就是客体与主体需要之间的一种特定（肯定与否定）的关系。"②客体对于主体需要的肯定与否定的关系，岂不就是客体对主体需要的某种效用性吗？再看李德顺所下的定义："'价值'这个范畴的最一般涵义，是对主客体关系一种特殊内容的表述。这种内容的特质就在于，客体对于主体的作用是否同主体的结构或尺度或需要相符合、一致或接近：'是'者，即属于人们用各种褒义词所指谓的正价值；'否'者，则属于人们用各种贬义词所指谓的负价值。"③可是，客体对于主体需要的"相符合""一致"或"接近"，岂不也都是客体对主体需要的某种效用性吗？

其次，是所谓的"意义说"。袁贵仁写道："价值是客体对主体所具有的积极或消极意义。"④所谓意义，如所周知，有两种含义：一是语言的意思、意谓，一是客体对于主体的需要的作用、效用。用意义来界定价值，显然是意义的后一种含义。因此，说价值是客体对主体的意义，无异于说价值是客体对于主体需要的效用。所以，袁贵仁也承认："价值关系是一种意义关系或一种效用关系，它们是等值的。价值是客体对主体

---

① 王玉梁主编：《中日价值哲学新论》，陕西人民教育出版社，1994年版，第47页。
② 李连科：《哲学价值论》，中国人民大学出版社，1991年版，第62页。
③ 王玉梁主编：《价值和价值观》，陕西师范大学出版社，1988年版，第31页。
④ 袁贵仁：《价值与认识》，《北京师范大学学报》1995年第3期。

第二章　元伦理学范畴：伦理学开端概念　　059

的意义，也就是客体对主体的作用、效用。"①

最后，是"属性说"。李剑峰写道："价值就是指客体能够满足主体需要的那些功能和属性。"②客体能够满足主体需要的那些功能和属性，如果离开主体的需要，是无所谓价值的。这些客体的功能和属性之所以是价值，只是相对主体的需要才能成立。然而，对于主体的需要来说，这些客体的功能和属性不就是客体对主体需要具有某种效用的属性吗？不就是客体对主体需要的某种效用性吗？

总之，正如赖金良所言："从国内价值论研究的情况来看，尽管人们对'价值'范畴的定义略有区别，例如，有的人把价值规定为客体对主体需要的满足或肯定，也有的人把价值规定为客体对主体需要的适应、接近或一致，等等，但这些定义的效用主义倾向是相当明显的，或者说，都可以归类于关于'价值'的效用论定义。"③

3. 价值：只能用"客体"与"主体"来界定

饶有风趣的是，效用论价值定义却遭到赖金良等学者的方法论方面的质疑：用主客体关系模式来界定价值究竟有什么根据？④确实，我们为什么一定要说"价值是客体对于主体需要的效用"？为什么一定要用本身还需要说明的主客体关系模式去界定价值？说"价值是一事物对于另一事物的需要的效用"不是更明白吗？或者像大卫·高蒂尔那样，把价值与效用完全等同起来，岂不更简单吗？⑤舒虹也反对用主客体关系模式来界定价值："按照这个想法，似乎可以给价值下这样一个定义：某一事物对与其有联系的事物存在与发展的意义和作用。"⑥然而，这些逃避主客体

---

① 袁贵仁：《价值学引论》，北京师范大学出版社，1991年版，第49页。
② 王玉梁主编：《价值和价值观》，陕西师范大学出版社，1988年版，第163页。
③ 王玉梁主编：《中日价值哲学新论》，陕西人民教育出版社，1994年版，第47页。
④ 王玉梁主编：《中日价值哲学新论》，陕西人民教育出版社，1994年版，第40页。
⑤ 盛庆来：《功利主义新论》，上海交通大学出版社，1996年版，第137页。
⑥ 王玉梁主编：《价值和价值观》，陕西师范大学出版社，1988年版，第185页。

概念的价值定义都是不能成立的，价值只能用主客体关系模式来界定。

原来，任何东西——不论是生物还是非生物——都具有需要。因为所谓需要，如所周知，乃是事物因其存在和发展而对某种东西的依赖性。生物需要阳光，意味着，阳光是生物存在和发展的条件，生物的存在和发展依赖阳光。好事的存在和发展对于坏事具有某种依赖性，所以，好事的存在和发展需要坏事：需要和坏事斗争、克服坏事。石头的存在依赖于它与其内外环境的平衡，所以，石头的存在需要它与其内外环境的平衡。可见，需要是一切事物——不论是有机体还是无机物——所共同具有的普遍属性。

那么，是否可以说，保障一事物的存在和发展因而满足其需要的东西，对于这个事物来说就是好的、正价值的？反之，阻碍一事物的存在和发展因而不能满足其需要的东西，对于这个事物来说就是坏的、负价值的？答案是否定的。因为虽然任何事物都具有需要，但是，说"满足某物需要的东西对于它是好的、有正价值的"，显然必须以它具有分辨好坏利害的评价能力为前提，必须以它具有趋利避害的选择能力为前提。只有对于具有分辨好坏利害评价能力和趋利避害选择能力的东西来说，才有所谓好坏。对于不具有分辨好坏利害的评价能力和趋利避害的选择能力的东西来说，是无所谓好坏的。

举例说，对于一块铁来说，任何东西显然都无所谓好坏、有价值还是无价值。我们甚至不能说把铁块烧化、使它不复存在对于铁块来说就是坏事：铁块存在还是不存在，对于铁块自身来说是无所谓价值好坏的。为什么？显然只能是因为铁块不具有分辨好坏利害的评价能力和趋利避害的选择能力。反之，对于人来说，生物、植物、动物、大地等一切事物或多或少都具有某种好坏的意义、价值。原因何在？岂不就是因为人具有分辨好坏利害的评价能力和趋利避害的选择能力吗？

可见，说"价值是一事物对于另一事物的需要的效用"是不确切的。

因为一事物对于另一事物的需要的效用,并不都是价值。一事物只有对于"具有分辨好坏利害的评价能力和趋利避害的选择能力"的另一事物的需要的效用,才是价值。而"分辨好坏利害的评价能力和趋利避害的选择能力",如上所述,也就是所谓的主体性:主体是具有分辨好坏利害的评价能力和趋利避害的选择能力的活动者。这就是为什么,一事物只有对于主体的需要的效用,才是价值。相对主体的需要来说的那个对于主体需要具有效用的事物,也就是所谓的客体。因此,价值只能定义为客体对于主体需要的效用,只能用主客体模式来界定。所以,牧口常三郎一再说:"就价值这个概念来说,只有用主体和客体的关系才能加以说明。"①

那么,我们为什么一定要说"价值是客体对于主体的需要的效用性"?是否可以更简单地说价值是客体对主体的效用?或者说价值是客体对于主体的其他东西——需要及其各种转化形态之外的东西,如结构和能力等——的效用?李德顺的回答是肯定的:"价值可以定义为:客体的存在、属性及其变化同主体的结构、需要和能力是否相符合、相一致或相近的性质。"②

这是不妥的。试想,一个人的身体素质适于饮酒。但是,如果他没有饮酒的需要,那么,即使酒符合他的能力,我们也不能说酒对他是有价值的。所以,我们不能说价值是客体对主体的结构或能力的是否相符的效用,也不能泛泛地说价值是客体对主体的效用,而只能说价值是客体对主体的需要——或其各种转化形态,如欲望(需要的觉知)、目的(为了实现的需要和欲望)等——的效用。

---

① Tsunesaburo Makiguchi: Philosophy of Value, Seikyo Press Tokyo, 1964, p.20.
② 李德顺主编:《价值学大词典》,中国人民大学出版社,1995年版,第261页。

二、价值概念：自然内在价值论

价值是客体对于主体的需要的效用性的定义进一步表明：价值总是指"什么东西对什么东西有价值"，总是指"什么东西有价值"和"对谁（或对什么东西）有价值"。什么东西有价值，乃价值客体是什么的问题；对谁有价值或对什么东西有价值，乃价值主体是什么问题。什么东西有价值，或价值客体是什么，是个十分简单的问题。因为不论什么东西——石头、山河、日月、飞禽走兽乃至人类等——都可以具有价值，都可以是价值客体。反之，对什么东西有价值，或价值主体是什么，则是个极为复杂的问题。

按照流行的观点，只有人才可能是价值主体，只有对于人来说，石头、山河、日月、飞禽走兽等才具有价值，一句话，价值是属人的："价值关系实质上是一种属人的关系。"[1]然而，20世纪60年代以来西方兴起的生态伦理学，向这种观点提出了挑战。几乎所有的生态伦理学家都认为，价值主体并非仅仅是人，并非只有对于人来说，自然界才有价值，价值主体也可以是生物、生态系统，甚至可以是大地、非生物。对于生物、生态系统来说，甚至对于大地、非生物来说，自然界也是有价值的。这就是所谓的"自然界的内在价值"。那么，价值究竟是不是仅仅属人的？对生物、植物、动物、大地等非人的存在物来说，是否有价值这种东西？或者说，自然界存在所谓"内在价值"吗？这些问题的解析无疑是确切界定价值概念的前提。因为如果我们不知道价值是对什么东西来说才存在的，我们显然不可能确切地知道价值究竟是什么。所以，进一步确证价值概念的起点，便是分析生态伦理学的自然界内在价值论：自然界具有内在价值从而可以是价值主体吗？

---

[1] 李德顺、龙旭：《关于价值和人的价值》，《中国社会科学》1994年第5期，第120页。

1. 自然界内在价值概念：自然界可以是价值主体

罗尔斯顿一再说：自然界内在价值是生态伦理学的具有导向作用的、关键的、基本的、核心的范畴。[1] J. 奥尼尔也这样写道："持一种环境伦理学的观点就是主张非人类的存在和自然界其他事物的状态具有内在价值。这一简洁明快的表达已经成为近来围绕环境问题讨论的焦点。"[2] 那么，究竟何谓"内在价值"？

所谓内在价值，如所周知，相对工具价值、手段价值或外在价值而言，是一个歧义丛生、颇有争议的概念。但是，有一点毫无疑义：它们源于"内在善"与"手段善"之分。内在善与手段善之分始于亚里士多德。他写道："善显然有双重含义，其一是事物自身就是善，其二是事物作为达到自身善的手段而是善。"[3] 因此，所谓"内在价值"也可以称为"目的价值"（value as an end）或"自身价值"（value-in-itself），是其自身而非其结果就是可欲的、就能够满足需要、就是目的的价值。例如，健康长寿能够产生很多有价值的结果，如更多的成就、更多的快乐等。但是，即使没有这些结果，仅仅健康长寿自身就是可欲的，就是人们追求的目的，就是有价值的。因此，健康长寿乃是内在价值。所以，保尔·泰勒（Paul W. Taylor）说："内在价值（Intrinsic value）被用来表示这样一些目标，这些东西自身就被当作目的而为有意识的存在物所追求。"[4] 培里则干脆把内在价值表述为一个公式："object-desired-for-itself"，亦即"客体因其自身而被欲望"。[5]

---

[1] Holmes Rolston: Environmental Ethics—Duties to and Values in the Natural World, Temple University Press Philadelphia 1988, p.2.
[2] 徐嵩龄主编：《环境伦理学进展：评论与阐释》，社会科学文献出版社，1999 年版，第 135 页。
[3] 亚里士多德：《尼各马科伦理学》，中国社会科学出版社，1990 年版，第 8 页。
[4] Paul W. Taylor: Respect For Nature: A Theory of Environmental Ethcs, Princeton University Press Princeton, New Jersey, 1986, p.73.
[5] Ralph Barton Perry: General Theory of Value its meaning And Basic Principles Construed In Terms Of Interest, Longmans, Green And Company 55 Fifth Avenue, New York, 1926, p.133.

反之，所谓工具价值也可以称为手段价值或外在价值，乃是其结果是可欲的、能够满足需要从而是人们追求的目的的价值，是能够产生某种有价值的结果的价值，是其结果而非自身成为人们追求的目的的价值，是其自身作为人们追求的手段——而其结果才是人们所追求的目的——的价值。举例说，冬泳的结果是健康长寿。所以，冬泳的结果是可欲的，是有价值的，是人们所追求的目的。而冬泳则是达到这种价值的手段，因而也是有价值的。但是，冬泳这种价值与它的结果——健康长寿——不同，它不是人们追求的目的，而是人们用来达到这种目的的工具或手段：是"工具价值"或"手段价值"。因此，罗尔斯顿总结道："工具价值是指某些被当作实现某一目的之手段的东西；内在价值指自身就有价值而无须其他参照物的东西。"[1]

准此观之，断言自然界具有内在价值是不会有多大争议的。因为，比如说，如果我深深地爱一条曾经救过我的命的狗，以至我把它的健康当作我的一种目的，那么，这条狗的健康对于我来说，就具有内在价值。反之，如果我只是把狗当作我的玩物，它的健康会给我减少麻烦，那么，它的健康对于我就仅仅具有工具价值。这些显然是没有什么好争论的。那么，为什么自然内在价值论会引起那么多的争论呢？

原来，内在价值的定义——自身就有价值——细究起来，可以有两种含义，因而可以有两种类型的内在价值。因为"自身就有价值"可以有两种含义。一种是自身对他物就有价值。例如，狗的健康自身对于爱它的主人就具有价值，亦即具有内在价值。这是内在价值的一种含义或类型。这种类型的内在价值可以称为"自在的内在价值"(intrinsic valuable in itself)。"自身就有价值"的另一种含义是自身对于自身就有价值。例如，狗的健康对于狗自身就具有价值，亦即具有内在价值。这是

---

[1] Holmes Rolston: Environmental Ethics—Duties to and Values in the Natural World, Temple University Press Philadelphia, 1988, p.186.

内在价值的又一种含义或类型,这种类型的内在价值可以称为"自为的内在价值"(intrinsic valuable for itself)。

引起争论的正是内在价值的第二种含义或类型:自身对于自身就有价值。按照这种含义,内在价值就是某物对于自己的价值,是作为客体的自身对于作为主体的自身的价值。自然内在价值论的"内在价值"概念正是这种含义,正是指"自为的内在价值"(intrinsic valuable for itself),而不是"自在的内在价值"(intrinsic valuable in itself)。这一点,克里考特(J.Baird Callicott)讲得很清楚:"一个具有内在价值的事物,就是该物对于自己的价值(valuable for its own sake),这种价值是自为的,而不是自在的(valuable in itself)。"[1] 泰勒则把这种内在价值叫作"拥有自己的善"(having a good of its own),而具有这种内在价值的事物则是"拥有自己的善的实体"(entity having a good of its own)[2]。

这样,所谓自然界内在价值,也就是自然界对于自己的价值,也就是作为客体的自然界对于作为主体的自然界的价值——自然界是拥有自己的"善"的实体。这就是自然界内在价值概念会引起激烈争执的原因:自然界内在价值意味着自然界与人一样,可以拥有自己的善,可以是价值的所有者,亦即价值主体。所以,自然界内在价值论者罗尔斯顿一再说:"有机体能够拥有某种属于它自己的善(good-of-its-kind),亦即某种内在善。"[3] "没有感觉的有机体是价值的所有者(holders of value)。"[4] 总之——中国的自然界内在价值论者余谋昌先生总结道——"价值主体不

---

[1] Holmes Rolston: Environmental Ethics—Duties to and Values in the Natural World, Temple University Press Philadelphia, 1988, p.113.
[2] Paul W.Taylor: Respect For Nature: A Theory of Environmental Ethcs, Princeton University Press Princeton, New Jersey, 1986, pp.73~75.
[3] Holmes Rolston: Environmental Ethics—Duties to and Values in the Natural World, Temple University Press Philadelphia, 1988, p.106.
[4] Holmes Rolston: Environmental Ethics—Duties to and Values in the Natural World, Temple University Press Philadelphia, 1988, p.112.

是唯一的,不仅仅人是价值主体,其他生命形式也是价值主体。"[1]

2. 自然界的内在价值问题:生物内在价值论

非人的生命或自然界究竟能否是价值主体?对于生物、植物、动物、大地等非人的存在物来说,是否有价值这种东西?或者说,自然界果真存在所谓"内在价值"吗?自然界果真拥有自己的"善"吗?对于这些问题,泰勒回答道:"要知道一些东西是否属于拥有自己的善的实体的一种方法是:看看说某物对于这些东西是好的或坏的,是否有意义。"[2]那么,就让我们察看一下毫无疑义可以是价值主体的人类和显然不可能是价值主体的石头吧。恐怕绝不会有人断定石头可以是价值主体,具有内在价值。因为对于石头来说,任何东西显然都无所谓好坏、有价值还是无价值:说什么东西对于石头是好或坏,显然是毫无意义的。我们甚至不能说把石头打碎烧化、使它不复存在对于石头来说就是坏事。石头存在还是不存在,对于石头自身来说是无所谓好坏价值的。为什么?只能是因为石头不具有分辨好坏利害的评价能力和趋利避害的选择能力。

反之,人是价值主体,具有内在价值:对于人来说,生物、植物、动物、大地等一切事物或多或少都具有某种好坏利害的意义、价值。原因何在?岂不就是因为人具有分辨好坏利害的评价能力和趋利避害的选择能力吗?人具有分辨好坏利害的评价能力和趋利避害的选择能力,所以当人与生物、植物、动物、大地等一切事物发生关系时,这些事物对于人就具有了好坏利害的意义,这些事物与人的关系就是一种利害好坏的关系,因而也就都具有了好坏价值。反之,石头不具有分辨好坏利害的评价能力和趋利避害的选择能力,所以,任何东西对于石头都不具有

---

[1] 余谋昌:《生态人类中心主义是当代环保运动的唯一旗帜吗?》,《自然辩证法研究》1997年第9期。

[2] Paul W.Taylor: Respect For Nature:A Theory of Environmental Ethcs, Princeton University Press Princeton,New Jersey, 1986, p.61.

利害好坏的意义，因而任何东西与石头的关系都不是利害好坏的关系，都不具有好坏价值。

可见，分辨好坏利害的评价能力和趋利避害的选择能力，是价值主体和内在价值或拥有自己的"善"的充分且必要条件：当且仅当 A 具有分辨好坏利害的评价能力和趋利避害的选择能力，对于 A 来说，事物便具有了好坏价值，说什么东西对于 A 是好或坏便是有意义的；因而 A 便可以是价值主体，便具有内在价值，便拥有自己的"善"。那么，是否只有人才具有分辨好坏利害的评价能力和趋利避害的选择能力？泰勒的回答是否定的："所有的动物，不论它们如何比人类低级，都是拥有自己的善的存在物……所有的植物也同样是拥有自己的善的存在物。"[1]

原来，如上所述，任何物质形态——不论是生物还是非生物——都具有需要，都需要保持内外平衡。就拿一块石头来说，它也有需要：它的存在之保持，便需要它与其内外环境的平衡。这种平衡一旦被打破，它便风化瓦解，不复存在了。但是，物质形态越高级，它的内外平衡的保持也就越困难，因而它保持平衡的条件也就越高级、越复杂。非生物是最低级的物质形态，它的平衡几乎在任何条件下都可以保持，而不会被它所受到的内外作用破坏。所以，非生物对于作用于它的任何东西，都不具有分辨好坏利害的评价能力和趋利避害的选择能力。例如，任何一块石头、一块铁，显然都不具有分辨好坏利害的评价能力和趋利避害的选择能力，它们既不会趋近也不会躲避而是毫无选择地承受风吹雨淋。这是因为石头、铁等任何非生物都不需要具有分辨好坏利害的评价能力和趋利避害的选择能力，没有这些能力，非生物也能够保持平衡和存在。

反之，相对非生物来说，最简单、最低级的生物也是极其复杂、高级的。因为生物的平衡比非生物的平衡更难以保持，很容易被它所受到

---

[1] Paul W.Taylor: Respect For Nature:A Theory of Environmental Ethcs, Princeton University Press Pr ceton,New Jersey, 1986, p.66.

的内外环境作用破坏。所以，任何生物对于作用于它的东西，都具有分辨好坏利害的评价能力和趋利避害的选择能力。就这种能力的最基本的形态来说，便是所谓的向性运动与趋性运动。

向性运动为一切植物固有。向光性：茎有正向光性，朝着光生长，根有负向光性，背着光生长。向地性：根有正向地性，向下长；茎有负向地性，往上长。向水性：根有很强的正向水性，这些向性运动显然是分辨好坏利害的评价能力和趋利避害的选择能力的表现。直接来说，是为了获得有利于自己的光、水、营养等；根本来说，则都是为了保持内外平衡稳定，从而生存下去。植物也都具有趋性运动。例如，叶肉细胞中的叶绿体，在弱光作用下，便会发生沿叶细胞横壁平行排列而与光线方向垂直的反应，在强光作用下，则会发生沿着侧壁平行排列而与光线平行的反应。这两种反应显然都是分辨好坏利害的评价能力和趋利避害的选择能力的表现：前者是为了吸收有利于自己的最大面积的光，后者是为了避免吸收有害于自己的过多的光，说到底，都是为了保持内外平衡，从而生存下去。

动物的趋性运动发达得多。即使最简单的原生动物，也可以自由地做出接近或躲避运动，最后到达或避开某一种刺激来源。例如，当变形虫在水中遇到载有食物的固体时，它就放射式地展开伪足爬向固体，从而轻易地接触到固体上的食物。可是，当它在遇到水面上的小棒一类固体时，它就把伪足撤向和不可食的物体位置相反的一边。变形虫的这种反应显然是分辨好坏利害的评价能力和趋利避害的选择能力的表现。直接来说，是为了求得有利于自己的食物，根本来说，则是为了保持内外平衡从而生存下去。所以，泰勒总结道：

"全部有机体，不论是有意识的还是无意识的，都是目的论为中心的生命，也就是说，每个有机体都是一种完整的、一致的、有序的'目的—定向'的活动系统，这些活动具有一个不变的趋向，那就是保护和维持有机体的存在。"[1]

可见，分辨好坏利害的评价能力和趋利避害的合目的性选择能力是一切生物——人、动物、植物、微生物——所固有的属性。所以，罗尔斯顿写道："有机体是一种具有自发的评价能力的存在物"[2]，"生态系统无疑是有选择性的系统，就像有机体是有选择性的系统一样"[3]。因此，对于生物来说，事物是具有好坏利害的，是具有价值的。生物可以是价值主体，具有内在价值。换言之，生物具有对于自己的价值，是拥有自己的善的实体："它是拥有这样一致和完整的功能的有机体，所有这些功能都指向实现它自己的善。"[4] 所以，罗尔斯顿说："有机体是一种价值系统，一种评价系统。因此，这样，有机体才能够生长、生殖、修复伤口和抵抗死亡。我们可以说，有机体所寻求的那种有计划性的、理想化的自然状态，是一种价值状态。价值就呈现于这种成就中。……活的个体具有某种自在的内在价值，因为生命为了它自己而保卫自己。……有机体拥有某些它一直保全的东西和某些它一直追求的东西：它自己的生命。这是一种新的场所的'价值所有权'。"[5]

只不过，生物因其等级不同，所具有的分辨好坏利害的评价能力和趋利避害的选择能力也有所不同，因而它们所具有的价值也有所不同。一般来说，生物因其等级不同所具有的分辨好坏利害的评价能力和趋利

---

[1] Paul W.Taylor: Respect For Nature:A Theory of Environmental Ethcs, Princeton University Press Princeton, New Jersey, 1986, p.122.

[2] Holmes Rolston: Environmental Ethics—Duties to and Values in the Natural World,Temple University Press Philadelphia,1988, p.186.

[3] Holmes Rolston: Environmental Ethics—Duties to and Values in the Natural World,Temple University Press Philadelphia 1988, p.187.

[4] Paul W.Taylor: Respect For Nature:A Theory of Environmental Ethcs, Princeton University Press Princeton, New Jersey, 1986, p.122.

[5] Holmes Rolston: Environmental Ethics—Duties to and Values in the Natural World, Temple University Press Philadelphia, 1988, p.100.

避害的选择能力之不同，表现为两方面。一方面，分辨好坏利害的评价能力和趋利避害的选择能力，在植物和微生物以及不具有大脑的动物那里，是无意识的、合目的性的，而在人和具有大脑动物那里则是有意识的、目的性的。另一方面，人的分辨好坏利害的评价能力和趋利避害的选择能力，是具有语言符号的，因而能够具有理性的意识和目的，而动物的分辨好坏利害的评价能力和趋利避害的选择能力则是不能用语言符号表达的，因而只具有感性的、经验的意识和目的。生物这种分辨好坏利害的评价能力和趋利避害的选择能力之不同，使生物价值主体和内在价值存在如下三大等级。

首先是无意识生物价值主体。事物对于植物、微生物和无脑动物虽有价值，可是，它们却意识不到、感觉不到而只能无意识地反映其价值。所以，植物、微生物和无脑动物是低级的价值主体，是无意识的价值主体，事物与它们的价值关系是一种无意识的价值关系。这样，价值对于植物、微生物和无脑动物来说，只能是客体对于主体的需要的效用，而不可能是客体对于主体的欲望、兴趣、目的——它们是需要经过意识的各种转化形态——的效用。因为植物、微生物和无脑动物只有需要而没有对于需要的意识，没有欲望、兴趣、目的等活动。所以，如果从字面上理解培里的定义，把价值定义为客体对于主体的兴趣、欲望或目的的效用，那么，它便不适用于植物、微生物和无脑动物所拥有的价值，因而犯了以偏概全的错误。

其次是有脑动物价值主体。有脑动物是高级价值主体，因为它们是有意识的价值主体；事物与有脑动物的价值关系，是一种有意识的价值关系。所以，"价值是客体对于主体的兴趣、欲望或目的的效用"的定义，适用于有脑动物所拥有的价值。

最后是人类价值主体。贝塔朗菲曾说："生物的价值和人类特有的价值的区别就在于，前者涉及个体的维持和种族的生存，而后者总是涉及符号总体。"① 与其说这是生物价值主体与人类价值主体的区别，不如说是有脑动物价值主体与人类价值主体的区别。因为有脑动物虽然能够意识到、知道、感觉到事物对于它们的价值，却不能够通过语言符号把这种价值科学地、理性地表达出来，不能够科学地、理性地预见这些事物对于它们的价值。这样，价值对于有脑动物来说，虽可以是客体对于主体的需要、兴趣、欲望、目的的效用，却不可能是客体对于主体的理想——理性的、理智的、远大的需要、兴趣、欲望、目的——的效用。只有人类才能够通过语言符号把价值科学地、理性地表达出来，才能够科学地、理性地预见到事物对于他们的价值。所以，人是最高级的价值主体，是拥有语言符号、拥有理性、拥有科学的价值主体，事物与人的价值关系可以是一种有语言符号的、理性的、科学的价值关系。这样，价值对于人类来说，不但是客体对于主体的需要、兴趣、欲望、目的的效用，还可以是客体对于主体的理想的效用。赖金良先生说："价值就是人类所赞赏、所希望、所追求、所期待的东西。"② 显然，这仅仅是人类所特有的价值之定义。

　　总之，价值是客体对于主体的需要——及其经过意识的各种转化形态——的效用，是普遍适用于一切价值领域的定义。准此观之，自然界是具有内在价值的。然而，并非一切自然物都具有内在价值；只有一切生物具有内在价值。对于生物来说，事物是具有好坏利害的，是具有价值的；生物可以是价值主体，具有内在价值：生物具有对于自己的价值。反之，对于非生物来说，事物是不具有好坏利害的，是不具有价值的；非生物不可能是价值主体，不可能具有内在价值：非生物不可能具有对于自己的价值。因此，波普总结道：

　　"我想，如果我们正确地假定，从前曾经有过一个无生命的物理世

---
① 庞元正等编：《系统论、控制论、信息论经典文献选编》，求实出版社，1989年版，第112页。
② 王玉梁主编：《价值与发展》，陕西人民教育出版社，1999年版，第35页。

界，那么这个世界大概是一个没有问题因而也没有价值的世界。人们常常提出，价值只同意识一起才进入世界。这不是我的看法。我认为，价值同生命一起进入世界，而如果存在无意识的生命，那么，我想，即使没有意识，也存在客观的价值。可见，存在两种价值，由生命创造的、由无意识的问题创造的价值，以及由人类心灵创造的价值。"① 我们可以把这种自然界内在价值论叫作"生物内在价值论"。

然而，证明生物内在价值论的真理性，无疑还须驳斥反对它的两种谬论：非生物内在价值论与人类内在价值论。

3. 两种谬论：非生物内在价值论与人类内在价值论

非生物内在价值论的创始人，如所周知，是有机哲学家怀特海。不过，这种理论的真正代表，当推系统论哲学家拉兹洛等人。乍一看来，怀特海似乎也是生物内在价值论者。因为他承认："机体是产生价值的单位。"② 但是，怀特海是个泛生论者，他所说的机体或有机体，并不是生物有机体，而是具有内在的规律性的相互联系、相互作用——所谓有机联系——的一切物体：把有机体与有机联系的物体混为一谈。于是，一切事物，不论是电子原子还是生物抑或人类，便都因其是互相联系互相作用的有一定规律的有序结构体而都是有机体："一个原子，一个晶体或一个分子，都是有机体。"③ 这样，原子、分子等非生物也就都可以是价值主体而具有内在价值了。

拉兹洛从怀特海抹杀生物与非生物根本区别的机体一元论出发，为非生物内在价值论提出了更有分量的论据：系统的自组织理论。何谓自组织？自组织理论创始人哈肯回答道："如果系统在获得空间的、时间的或功能的结构的过程中，没有外界的特定干预，我们便说系统是自组织

---

① 波普尔：《波普尔思想自述》，上海译文出版社，1988 年版，第 275 页。
② 怀特海：《科学与近代世界》，商务印书馆，1989 年版，第 104 页。
③ 庞元正等编：《系统论、控制论、信息论经典文献选编》，求实出版社，1989 年版，第 66 页。

的。"① 简言之，自组织也就是系统在没有外界干预的条件下能够自己形成某种结构和功能的组织。系统论表明，系统的自组织过程普遍存在于生物和非生物之中。一切系统，从基本粒子、原子、分子到微生物、植物、动物、人类以至星球、星系团、超星系，都存在不同程度的自组织过程。可是，系统的自组织过程是怎样成为拉兹洛非生物内在价值论证据的？

原来，任何自组织系统——不论生物还是非生物——都能够在与外界进行物质、能量和信息交换过程中，通过自动选择性的调节活动，以形成和维持某种稳定有序结构。例如，当原子受激时，就能够自动地发射能量子以返回低能级的基态，从而达到自稳定状态。拉兹洛由此进一步认为，系统自动选择性的调节活动是系统活动的手段，而它总是趋向形成和维持的某种稳定有序结构则是系统活动的目的："系统自己非要拖到目的点或目的环上才罢休，这就是系统的自组织。"② 这样一来，任何自组织系统自身对于自身就有价值——系统的自动选择性的调节活动对于形成系统稳定有序结构具有工具价值——因而任何自组织系统也就都可以是价值主体而具有内在价值："我们最终必得承认，所有自然的系统，毫无例外，都具有主体性。"③ "所有系统都有价值和内在价值。"④

拉兹洛的观点能成立吗？不能。因为他由自组织系统总是自动地趋向于形成和维持某种稳定有序结构，便断言形成和维持某种稳定有序结构就是系统的目的。照此说来，我们同样可以断言重物是有目的的：它的目的就是下降而达到它们的自然位置。因为重物总是自动地趋向下降而达到它们的自然位置。这岂不回到了古老的目的论自然观吗？显然，

---

① 哈肯：《信息与自组织》，四川教育出版社，1988年版，第29页。
② 钱学森等：《论系统过程》，湖南科学技术出版社，1982年版，第78页。
③ 拉兹洛：《用系统论的观点看世界》，中国社会科学出版社，1985年版，第81页。
④ 拉兹洛：《用系统论的观点看世界》，中国社会科学出版社，1985年版，第109页。

我们不能由自组织系统总是自动地趋向于形成和维持某种稳定有序结构，便断言形成和维持某种稳定有序结构就是系统的目的。

原子、电子等非生物系统的自动选择性的调节活动，既不可能具有目的性，也不可能具有合目的性。因为现代生命科学和行为科学的研究均表明，所谓目的性仅为生有大脑的动物所具有。目的性是有意识地为了什么的属性，是有意识地为了达到某种结果而进行过程的属性。反之，合目的性则仅为生物所具有：合目的性是无意识地为了什么的属性，是无意识地为了达到一定结果而发生一定过程的属性。原子、电子等非生物系统显然并不具有为了什么的属性，并不具有为了形成和维持某种稳定有序结构，而进行选择性的调节活动。形成和维持某种稳定有序结构，只是系统趋向达到的结果，自动选择性的调节活动只是系统趋向达到某种稳定有序结构的原因，二者只是因果关系而并非目的手段关系。对此，马成立讲得很清楚："不论是生命系统，还是非生命系统，只要以某种程度的自组织性为基础产生自组织过程，常常先形成一个增长核心，继而从这个组织核心开始形成一条有链锁因果关系的自动选择链，而这个组织核心和自动选择链条的形式如何，在很大程度上决定着系统将发展成什么样的有序的组织结构。"[①] 那么，原子、电子等非生物的自动选择性的调节活动，为什么不可能具有目的性或合目的性而只具有因果性？

原来，原子、电子等非生物系统不具有分辨好坏利害的评价能力和趋利避害的选择能力。如果说原子、电子等非生物具有分辨好坏利害的评价能力，那无异于痴人说梦，是十分可笑的。谁能说星际系统维护一种平衡，是因为它具有分辨好坏利害的评价能力，知道平衡对它是好事而不平衡是坏事呢？谁能说晶体能够复制其结构并可以使受到损害的表面复原，是因为它具有分辨好坏利害的评价能力，知道复制其结构和使

[①]《自然辩证法百科全书》，中国大百科全书出版社，1994年版，第793页。

受到损害的表面复原对它是好事呢？非生物系统不具有分辨好坏利害的评价能力，也就不具有趋利避害的选择能力。它们所具有的选择能力，如所周知，并不是自主的、趋利避害的选择能力——不能够分辨利害当然也就谈不上趋利避害——而是自动的选择性能力，是一种像自动机械那样的"刺激－反应"能力。不言而喻，只有自主的、趋利避害的选择活动，才可能具有目的性或合目的性。而自动的"刺激－反应"模式的选择性活动则只能具有因果性。这就是非生物系统的选择性活动只具有因果性而不具有目的性或合目的性的缘故：它们是一种自动的"刺激－反应"模式的选择性活动，而不是自主的、趋利避害的选择性活动。

非生物系统既然不具有分辨好坏利害的评价能力和趋利避害的选择能力，不具有目的性或合目的性，那么，对于非生物系统来说，也就没有好坏价值这种东西：非生物不具有内在价值，不拥有自己的善。这就是——泰勒说——非生物和生物的根本区别："使我们意识到一块石头和一个植物或动物的基本区别的东西是：植物或动物是目的论为中心的生命，反之，石头则不是。所以，石头没有自己的善。"[1]

可见，非生物内在价值论是不能成立的。那么，人类内在价值论呢？人类内在价值论以为，只有对于人来说，才有所谓价值，只有人类才具有内在价值："人，也只有人才是名副其实的主体。"[2] 细察这种多年来一直占统治地位的流行观点，实在令人惊奇，因为它并没有什么像样的根据。它的全部根据，如所周知，无非主体是具有实践能力和认识能力的活动者；而只有人类才具有实践和认识活动。例如，李连科说："主体之所以成为主体，是由于它有认识和实践的力量。"[3] 肖前说："主体，

---

[1] Paul W.Taylor: Respect For Nature:A Theory of Environmental Ethcs, Princeton University Press Princeton, New Jersey, 1986, p.123.
[2] 李德顺、龙旭：《关于价值和人的价值》，《中国社会科学》1994年第5期，第120页。
[3] 李连科：《哲学价值论》，中国人民大学出版社，1991年版，第74页。

就是人，就是有实践能力、有认识能力，并且运用这些能力来进行实践和认识的人。"① 李德顺也这样写道："毫无疑问，在任何意义上说，主体都只能是广义的人（包括人的各种社会集合形式），而不是神、'客观精神'、其他生命形式和物。因为只有人才是实践者、认识者。"②

这种流行的观点也是不能成立的。首先，把主体界定为"具有实践能力和认识能力的活动者"，是以偏概全。因为，如所周知，主客体关系并不仅仅是实践关系和认识关系，而且包括价值关系。这样，主体便不仅有实践主体、认识主体，而且包括价值主体。因此，主体的定义显然必须普遍适用于实践主体、认识主体、价值主体。适用于这三种主体的定义只能是：主体是具有分辨好坏利害的评价能力和趋利避害的选择能力的活动者。因为实践主体是具有实践能力的主体，认识主体是具有认识能力的主体，价值主体则是具有分辨好坏利害的评价能力和趋利避害的选择能力的主体。这样，实践主体和认识主体同时都是价值主体，因为具有实践能力和认识能力的主体，无疑都具有分辨好坏利害的评价能力和趋利避害的选择能力。

反之，价值主体不都是实践主体和认识主体，因为具有分辨好坏利害的评价能力和趋利避害的选择能力的主体——如植物——却不都具有实践能力和认识能力。所以，朱葆伟先生说："从发生学的角度来看，对利害的感受和某种偏好都远在认知之先。"③ 这样，实践能力和认识能力便仅仅是部分主体才具有的特征，而只有分辨好坏利害的评价能力和趋利避害的选择能力，才是一切主体普遍具有而又区别于不可能是主体的事物的根本特征。所以，主体只能界定为具有分辨好坏利害的评价能力和趋利避害的选择能力的活动者；而认为主体是具有实践能力和认识能力

---

① 《社会科学辑刊》编辑部主编：《主体—客体》，辽宁人民出版社，1983年版，第2页。
② 李德顺：《价值论》，中国人民大学出版社，1987年版，第59页。
③ 吴国盛主编：《自然哲学》第一辑，中国社会科学出版社，1994年版，第173页。

的活动者的定义，犯了以偏概全的错误。

其次，具有实践能力和认识能力的活动者也并不仅仅是人，一切具有大脑的动物都具有实践能力和认识能力。因为，心理学表明，任何具有大脑的动物，如狗、狼、狐狸等，都具有知（认知、认识）、情（感情）、意（意志）的心理、意识活动，因而也就都具有实践活动。因为一切认识、认知等心理活动，只能从实践中来：有心理、意识活动者，必有实践活动。否则，岂不否认了实践乃是认识的唯一源泉之公理？试举一例。恐怕很难否认，狗有认识：难道谁敢说狗不认识人吗？那么，狗的这种认识从何而来？首先无疑是从"看"而来。"看"是什么？是实践。如果说一个人在看是实践，那么，一条狗在看岂不也是实践？有什么理由说只有人的"看"是实践，而一条狗的"看"就不是实践？狗的"看"，无疑就是狗的一种实践，就是狗的"认识人"等认识的一种来源。

可见，"人类内在价值论"的两条论据——主体是具有实践能力和认识能力的活动者；而只有人类才具有实践和认识活动——都是不能成立的。其实，对于这种流行的观点，只要稍加思索，便可以看出它的荒唐可笑。因为按照这种观点，事物只有对于人类来说才具有好坏价值。这怎么能说得通呢？试想，人吃桃子和猴吃桃子究竟有什么不同呢？人类和猴子一样都知道桃子是好东西，桃子对于人类和猴子一样，都是能够满足其食欲的食物。可是，按照"人类内在价值论"的流行观点，桃子对于人类是有营养的好东西，是有价值的。然而，却不能说桃子对于猴子是有营养的好东西，不能说桃子对于猴子是有价值的。这说得通吗？赖金良先生问得好：

"人吃饭与牛吃草，就它们都是生存需要，都是有机体从外界摄取物质和能量的过程而言，两者并无什么区别，为什么前者可称为'价值关系'而后者则不能称为'价值关系'？人类与动物一样，都必须同外界进行物质、能量和信息的交换并保持这种交换的相对平衡，既然阳光、空气、水等自然物对人的有用性可称为'价值',为什么它们对动物的有用性就不能称为'价值'?"①

显然,并不是只有对于人来说才有所谓好坏价值,也不是只有人才可以是价值主体,才具有内在价值。对于牛、猴子、狗等动物来说,也有所谓好坏价值,这些动物也可以是价值主体,也具有内在价值。拉兹洛说:"如果我们承认人都有主体性,那么我们就必须承认,猩猩和狗也有主体性,因为它们也具有感觉器官,并且也显示出有目的的行为的迹象。"②

总而言之,非生物内在价值论和人类内在价值论都是错误的。真理只能是生物内在价值论:对于一切生物来说,事物都是具有好坏利害的意义的,都是具有价值的,因而也就都可以是价值主体,都具有内在价值。所以,价值是客体对于主体的需要——及其经过意识的各种转化形态——的效用,是普遍适用于一切价值领域的定义:它在植物、微生物和无脑动物所拥有的价值领域表现为客体对主体需要的效用;在有脑动物所拥有的价值领域表现为客体对主体的需要及其各种转化形态——欲望、兴趣、目的等——的效用。在人类所拥有的价值领域则不但表现为客体对于主体的需要、兴趣、欲望、目的的效用,还可以表现为客体对于主体的理想——主体的理性的、理智的、远大的需要、兴趣、欲望、目的——的效用。

三、价值概念:商品价值论

价值是客体对主体"需要"——及其经过意识的各种转化形态如"欲望"和"目的"——的效用。说到底,是客体对主体需要、欲望和目的的效用;简言之,是客体对主体需要的效用。这一定义不但符合常识,

---

① 王玉梁:《中日价值哲学新论》,陕西人民教育出版社,1994年版,第43页。
② 拉兹洛:《用系统论的观点看世界》,中国社会科学出版社,1985年版,第78页。

而且在当代学术界实际上也已经大体得到公认。但是,真正来讲,这个所谓"效用价值论"的价值定义能否成立,仍然很成问题。因为经济学关于商品价值是不是商品效用的问题,正如维克塞尔所说,"曾争论了一个世纪以上"。[①] 李嘉图甚至认为:"在这门科学中,造成错误和分歧意见最多的,莫过于有关价值一词的含糊观念。"[②] 如果商品价值,确实如劳动价值论所说,不是商品对人的需要的效用,而是凝结在商品中的一般人类劳动,那么,从"商品价值不是商品效用"命题之真,便可以推知它的矛盾命题"价值是效用"之假,效用价值论便被证伪了。这就是为什么,价值的效用论定义实际上虽已得到公认,但许多学者却极力避免以"效用"来界定价值。因此,商品价值是不是商品效用,乃是攸关效用论价值定义的真假之大问题。那么,商品价值究竟是不是商品的效用呢?

1. 商品价值:商品对人的需要的效用

我国学术界颇为流行"两种价值概念"。一种是哲学的价值概念:价值是客体对主体需要的效用。另一种是经济学的价值概念:商品价值不是商品对人的需要的效用,而是凝结在商品中的一般人类劳动。两种价值概念说显然是不能成立的:它违背了两个矛盾判断——"一切价值都是客体对主体需要的效用"与"商品价值不是商品对人的需要的效用"——不可能同真的逻辑规律。"价值是客体对主体需要的效用"与"商品价值不是商品对人的需要的效用"不可能同真:一个是真理,另一个必是谬误。我们已经说明,所谓哲学的价值定义——价值是客体对主体需要的效用——是真理。这就意味着:"商品价值不是商品对人的需要的效用"是谬误。那么,为什么商品价值是凝结在商品中的一般人类劳动——而不是商品对人的需要的效用——的定义是谬误?商品价值究竟

[①] 维克塞尔:《国民经济学讲义》,上海译文出版社,1983年版,第21页。
[②] 李嘉图:《政治经济学及赋税原理》,商务印书馆,1972年版,第9页。

是什么？

经济学家晏智杰说："经济学中的价值概念应是一般意义的价值概念，即主体与客体关系的具体化，就是说，商品价值是指财富和商品同人的需求的关系。价值有无及其大小，均以是否能够满足需求以及满足的程度为转移。"① 所谓价值，如前所述，就是客体对于主体的需要的效用性。因此，根据"遍有遍无"演绎公理，价值是客体对于主体的需要的效用性，显然意味着，商品价值是商品所具有的满足人的需要的效用：满足物主自己直接使用需要的效用，叫作商品使用价值；满足物主用以与其他商品相交换的需要之效用，叫作商品交换价值。这就是自亚里士多德以来历代相沿——斯密和李嘉图以及马克思所代表的历史阶段除外——的所谓效用价值论的商品价值的定义和分类。

亚里士多德不但发现商品价值就是商品效用，而且将商品价值分为使用价值与交换价值，认为两者都是商品对于人的需要的效用、用途。只不过，他将使用价值看作商品的"适当的用途"，而将交换价值当作商品的"不适当的或交换的用途"："我们所有的任何东西都有两种用途。这两者都属于物品本身，但是方式不同。一个是适当的用途，另一个则是不适当的或次要的用途。例如，鞋可穿，也可用于交换，两者都是鞋的用途。"② 不过，效用论商品价值定义最清楚的表达，当推英国重商主义者尼古拉·巴尔本的界说："一切商品的价值都来自商品的用途；没有用处的东西是没有价值的，正如一句英文成语所说，它们一文不值。商品的用途在于满足人们的需要。"③

边际效用论则继承亚里士多德以降的商品效用价值论，进而发现，

---

① 晏智杰：《经济价值论再研究》，北京大学出版社，2005年版，第9页。
② 晏智杰：《劳动价值学说新探》，北京大学出版社，2001年版，第98页；《亚里士多德全集》第九卷，中国人民大学出版社，1994年版，第18页。
③ 尼古拉·巴尔本：《贸易论》，商务印书馆，1982年版，第55页。

商品使用价值是商品对于人的消费需要和欲望的边际效用。所谓商品边际效用，就是最后增加的那个单位商品的效用。萨缪尔森说："'边际'是经济学的关键词，通常义为'额外'或'新增'。边际效用指多消费一单位产品时所带来的新增的效用。"① "我们使用边际效用这个词表示'添增最后一个单位的物品所增加的效用'。"② 因此，商品使用价值是商品对于人的消费需要和欲望的边际效用，意味着每个商品的使用价值都是最后增加的那个单位商品的效用。

原来，商品使用价值是商品满足人的消费需要和欲望的效用，也就等于说，商品使用价值是对人的还没有满足的消费需要和欲望的效用，而不是对已经满足的消费需要和欲望的效用。因为需要和欲望一旦得到满足，便不再是需要和欲望。只有尚未满足的需要才是需要，而已被满足的需要不再是需要。只有对未被满足的需要的心理体验才是欲望，而对于已被满足的需要的心理体验不再是欲望：欲望是需要不满足而求满足的心理体验。商品使用价值是对人的还没有满足的需要的效用——而不是对已经满足的需要的效用——意味着商品使用价值也就是对人的剩余需要的效用，是对人的剩余需要的满足。

因此，每个单位商品的使用价值也就同样都是对人的"减去其他商品已经满足的需要"之后所剩余的需要的满足，是对人的减去其他商品已经满足的需要之后所"剩余的需要"的效用，因而也就是最后增加的那个单位商品对人的需要的满足效用，也就是单位商品的边际效用：边际效用就是最后增加的那个单位商品的效用。单位商品使用价值是单位商品边际效用，商品总使用价值则是每个商品的边际效用之和。因此，萨缪尔森说："消费一定量商品的总效用等于所消费的每个商品的边际效

---

① Paul A. Samuelson, William D. Nordhaus, Microeconomics (16th Edition) [M]. Boston: TheMcGraw-Hill Companies, Inc., 1998, p.81.
② 萨缪尔森：《经济学》中册，商务印书馆，1986年版，第77页。

用之和。"①

举例说,假设现有 10 个暖瓶。每个暖瓶的使用价值都同样是对人的还没有满足的需要的效用,都同样是对人的剩余需要的效用,说到底,也就都同样是对减去其他 9 个暖瓶已经满足的需要之后所剩余的需要的满足,因而也就是最后的那个暖瓶——第 10 个暖瓶——的效用,亦即暖瓶的边际效用。10 个暖瓶各自的边际效用之和,构成 10 个暖瓶的总使用价值。

那么,商品交换价值是什么?商品之所以能够进行交换,从而具有交换价值,正如李嘉图所说,只是因为商品具有使用价值。不具有使用价值的东西不可能具有交换价值:"一种商品如果毫无用处,换言之,如果它对我们欲望的满足毫无用处,那么,不论它怎样稀少,也无论获得它耗费多少劳动,也不会具有交换价值。"② 因此,所谓商品交换价值,不过是商品使用价值对人的交换需要的效用;而商品使用价值则是交换价值的原因、实体和物质承担者。

这样一来,商品使用价值是商品的边际效用,便意味着商品交换价值就是商品的边际效用对于换取其他商品的效用。因此,商品有多少边际效用量,就有多少交换价值量:商品的交换价值量与其边际效用量相等。这个公式,正如庞巴维克说,乃是商品交换价值量的决定规律:"统摄价值量的规律,可以归结为一个相当简单的公式:一件物品的价值是由它的边际效用量来决定的。"③

因此,商品价值——使用价值与交换价值——必定随着商品的增多

---

① Paul A. Samuelson, William D. Nordhaus, Microeconomics (16th Edition). Boston: TheMcGraw-Hill Companies, Inc., 1998, p.81.
② Divid Ricardo, Principles of Political Economy and Taxation. London: George Bell and Sons, 1908, p.6.
③ Eugen V. BÖhm-Bawerk, The Positive Theory of Capital. New York: G. E. STECHERT & CO, 1930, p.149.

而递减。因为商品越多，人的需要和欲望得到的满足便越多，而没有得到满足的需要和欲望便越少且越不重要，最后的单位增量所能够满足的需要和欲望也就最少且最不重要，商品的边际效用也就最小，单位商品的使用价值和交换价值也就最小。这个定律堪称商品价值——使用价值与交换价值——递减定律。该定律的核心内容无疑是商品边际效用递减，因而被叫作边际效用递减定律："边际效用递减规律可以归结为：当一种消费品的量增加时，该消费品的边际效用趋于递减。"[1]

2."价值悖论"的破解：使用价值是商品的边际效用

经济学所谓的"价值"或"商品价值"，正如穆勒所指出，往往是指"交换价值"或"商品交换价值"："价值一词在没有附加语的情况下使用时，在政治经济学上，通常是指交换价值。"[2] 商品价值或交换价值不是商品效用的观点，主要源于这样一种"事实"：水的效用极大，却不具有任何交换价值；钻石的效用很小，却具有很大的交换价值。这就是令斯密等经济学家困惑不解的所谓"价值悖论"：

"使用价值极大的东西，往往具有极小或没有交换价值；反之，交换价值极大的东西，往往具有极小或没有使用价值。没有什么东西比水更有用，但用水不能购买任何物品，也不会拿任何物品与水交换。相反，金刚钻几乎没有任何使用价值可言，却须具有大量其他物品才能与之交换。"[3]

这意味着：效用论价值定义内含着悖论。因为根据效用价值论定义，商品价值或交换价值亦即商品满足人的需要的效用。照此说来，"水的效用大，但交换价值小"，也就无异于说"水的交换价值大，却又交换价值

---

[1] Paul A. Samuelson, William D. Nordhaus, Microeconomics (16th Edition). Boston: TheMcGraw-Hill Companies, Inc., 1998, p.81.
[2] 穆勒：《政治经济学原理》上卷，商务印书馆，1997年版，第493页。
[3] Adam Smith: The Wealth of Nations, Books I–III, England Penguin Inc., 1970, pp.131~132.

小",亦即"水的交换价值大又不大":悖论。这就是所谓"价值悖论",亦即"价值定义悖论",说到底,亦即"效用论价值定义悖论"。效用论价值定义内含着悖论,意味着效用论价值定义是谬误。这就是为什么面对"价值悖论",一些经济学巨匠,如斯密、李嘉图和马克思,遂否认商品价值或交换价值是商品效用,而认为商品价值或交换价值是商品所凝结的劳动:"一切商品作为价值只是结晶的人类劳动。"[1]

然而,边际效用论科学地破解了这个困惑思想家们两千余年的"价值悖论"。因为边际效用论发现,商品使用价值是商品的边际效用,是商品的最后单位增量的效用。商品的边际效用随着该商品的增多而递减,因而商品使用价值便随着该商品的增多而递减。这样一来,钻石交换价值大,绝不是因其效用和使用价值小;恰恰相反,钻石交换价值大,只是因其数量小,因而边际效用大,从而使用价值大。水交换价值小,绝不是因其效用大,而是因其数量多,因而边际效用小,从而使用价值小。因此,交换价值与使用价值成正比:价值悖论不能成立。

通俗言之——边际效用论发现——水具有极大的效用,这仅仅是就水的总和的、一般的、抽象的效用来说的。具体地、实际地看,每一单位的水都具有不同的效用:一个人所拥有的水越多,每一单位的水对于他的效用就越小;超过一定量后,其效用就会等于零,甚至成为负数:"价值在其发展中一定两度为零:一次是在我们什么都没有的时候;另一次是在我们什么都有了的时候。"[2] 所以,水没有交换价值并不是因其总和效用大,而是因其超过一定量后,其单位效用是零。钻石交换价值大,则不是因其总和效用小,而是因其极为稀少因而单位效用大。

因此,事实上并不存在什么"价值悖论",并不存在"效用论价值定义悖论",并不存在与商品价值效用论定义——商品价值是商品对人

---

[1] 马克思:《资本论》第一卷,中国社会科学出版社,1983年版,第27页。
[2] Friedrich Von Wieser, Natural Value. New York: KELLEY & MILLMAN, Inc., 1956, p.31.

的需要的效用——相矛盾的所谓"事实",说到底,"水的效用大却无交换价值,而钻石无用却有极大交换价值"并不是事实而是假象:它不但没有证伪,反倒证实了效用论价值定义。因为这种假象的破解表明,水和钻石等一切商品的使用价值和交换价值都是商品的某种效用:使用价值是商品对于消费需要的边际效用,交换价值则是使用价值——边际效用——对于交换需要的效用。

3. "价值悖论"的误解:商品价值是商品中凝结的人类劳动

所谓劳动价值论,如所周知,亦即认为劳动是创造和决定商品价值或交换价值的唯一的源泉与实体的理论,其主要代表人物是斯密、李嘉图和马克思。[①]然而,劳动价值论并不否认——也没有任何经济学家否认——劳动与土地是创造使用价值的两个源泉和实体,而只是否认劳动与土地是创造价值或交换价值的两个源泉和实体。那么,究竟为什么劳动价值论认为劳动与土地只是使用价值——而不是交换价值或价值——的两个源泉和实体?

斯密、李嘉图和马克思的著作表明,劳动价值论的理论前提或认识论根源可以归结为"价值悖论":交换价值与使用价值大小往往相反或完全无关。[②]那么,实际上是否如斯密、李嘉图和马克思所深信,从"价值悖论"可以推导出劳动价值论呢?答案是肯定的。

因为,一方面,"劳动和土地是创造使用价值的两个源泉和实体"乃是一种不争的事实和常识。另一方面,"价值悖论"——使用价值与交换价值的大小相反或完全无关——意味着:使用价值的源泉和实体(劳动和土地)不可能是交换价值的源泉和实体。否则,交换价值怎么会与

---

① Adam Smith: The Wealth of Nations, Books I–III, England Penguin Inc., 1970, p.133.
② Adam Smith: The Wealth of Nations, Books I–III, England Penguin Inc., 1970, p.140; Divid Ricardo, Principles of Political Economy and Taxation. London: George Bell and Sons, 1908, pp.5~7;马克思:《资本论》第一卷,中国社会科学出版社,1983年版,第15、50、51页。

使用价值的大小相反或完全无关呢？那么，交换价值的源泉、实体是什么？显然只有劳动。因此，米克将劳动价值论否定土地是创造交换价值的源泉——而认为劳动是创造交换价值的唯一源泉——的理由和前提，归结为"价值"（亦即交换价值）与"财富"（亦即使用价值）的根本不同，亦即归结为"价值悖论"：

"只有弄清楚财富和价值的根本区别以后，才能澄清土地的作用问题。当然，人们在相当早的时期就知道商品的使用价值和它的交换价值是不同的。在斯密以前就已经有一些作家用过钻石与水的有名例证，而赫起逊以前也有一些经济学家指出过商品的交换价值往往同它的效用没有多大关系。但是李嘉图一直强调的财富（由土地和劳动两者共同创造的一定数量的使用价值）与价值（完全由劳动决定的）之间的区别，还要经过相当时期才能确切地表述出来，尽管早先有些经济学家讨论过这个区别，却没有充分意识到这个区别的意义。一旦土地不算作决定价值的一个因素，那么剩下来的问题就仅只是说明：劳动赋予商品的价值，不是通过对劳动的报酬，而是通过劳动本身的耗费。"[1]

诚哉斯言！如果"劳动是创造交换价值的唯一源泉"，那么，交换价值与使用价值——劳动和土地是创造使用价值的两个源泉——往往相反显然就可以理解了。[2] 因此，有关劳动是否创造价值或交换价值唯一源泉——劳动价值论能否成立——之争论，说到底，乃在于所谓"价值悖论"能否成立。误以为"价值悖论"能够成立，乃是劳动价值论最深刻

---

[1] 米克：《劳动价值学说的研究》，商务印书馆，1979年版，第42页。
[2] 这就是为什么，马克思一再说：劳动是创造商品价值或交换价值的唯一源泉；商品价值或交换价值是商品中凝结的人类劳动。可是，价值实体与价值无疑根本不同，马克思为何既说劳动是价值又说劳动是价值实体？原来，马克思是商品价值实在论者，认为商品价值是商品固有属性，是一种实体。因此，在他看来，价值与价值实体并没有什么不同。只不过，流动的活的劳动是创造价值的源泉和实体；凝结的物化在商品中的劳动就是商品价值："处于流动状态的人类劳动力或人类劳动形成价值，但本身不是价值。它只是在凝固的状态中，在物的形式上才成为价值。"（马克思：《资本论》第一卷，中国社会科学出版社，1983年版，第28页。）

的理论前提或认识论根源。只要"价值悖论"不能成立,交换价值与使用价值的大小成正比,从而使用价值是交换价值的源泉和实体,那么,劳动与土地便无疑是创造价值、交换价值的两个源泉,劳动价值论便不能成立了。

劳动价值论不能成立,不但因其理论前提"价值悖论"被边际效用论的伟大发现——使用价值是商品的边际效用,因而与交换价值的大小成正比——所破解而不能成立。而且就其自身来说,也是不能成立的。因为商品中凝结的人类劳动之存在,并不依赖于人的需要,甚至也不依赖于人。一件金首饰所凝结的人类劳动,即使人类灭亡了,它也照样凝结在该金首饰中。一部《红楼梦》凝结着曹雪芹"十年辛苦不寻常"的劳动,即使人类灭亡了,它也照样凝结着这些人类劳动。因此,商品中凝结的人类劳动,乃是商品的不依赖人的需要而存在的属性,是商品的固有属性。

这样一来,按照劳动价值论的观点,商品价值是凝结在商品中的人类劳动,岂不意味着:商品价值是商品的固有属性?是的,马克思确实认为价值是商品的固有属性,主张商品价值实在论,因而一再说:

"生产使用物所耗费的劳动,表现为这些物固有的性质,即它的价值。"[①] "如果我们说,一切商品作为价值只是结晶的人类劳动,那么,我们的分析就是把商品化为价值抽象,但是,它们仍然只是具有唯一的形式,即有用物的自然形式。在一个商品和另一个商品发生价值关系时,情形就完全不同了。从这时起,它的价值性质就显露出来并表现为决定它与另一个商品的关系的固有的属性。"[②]

可是,以为商品价值是商品的固有属性,岂不荒谬至极?因为毫无疑义,正如罗德戴尔和晏志杰所言,任何价值都不可能是客体固有属性,

---

① 马克思:《资本论》第一卷,中国社会科学出版社,1983年版,第39页。
② 马克思:《资本论》第一卷,中国社会科学出版社,1983年版,第27页。

而只能是客体关系属性:"价值一词,无论是在其本来意义上,还是在人们通常说法中,都不表示商品固有属性。"①"价值是一个关系范畴,不是实体范畴。"②

不但此也,"价值是商品中所凝结的劳动"的定义之荒谬还在于如果商品价值就是商品中所凝结的劳动,那么,非劳动或不凝结劳动的物品,如土地等,就不可能有商品价值或交换价值。是的,马克思竟然承认确实如此:"如果一个使用价值不用劳动也能创造出来,它就不会有交换价值。"③"土地不是劳动产品,从而没有任何价值。"④"瀑布和土地一样,和一切自然力一样,没有价值,因为它本身中没有任何对象化劳动。"⑤

这种论断,岂止不能成立,而且近乎荒唐。因为不论任何东西,只要能够买卖,只要能够交换,只要能够用以换取其他东西,显然就必定具有交换价值。否则,如果一种东西不具有交换价值,就必定不能够买卖,必定不能够进行交换,必定不能够用以换取其他东西。那么,能够买卖、交换从而具有交换价值的条件是什么?不难看出,一个条件是有用,亦即具有使用价值。没有使用价值的东西显然不能够买卖,不能够交换,因而不具有交换价值。另一个条件是稀缺性,因为具有使用价值的东西如果不具有稀缺性,而是无限多的,如水、阳光和空气等,显然这些东西不能够买卖交换,不具有交换价值。任何东西,不论是否包含或凝结劳动,只要具有使用价值并且稀缺,显然就能够进行交换或买卖,因而必定具有交换价值:使用价值和稀缺性是任何东西具有交换价值的充分且必要条件。

因此,土地与空气和水根本不同。空气和水等使用价值不具有交换

---

① 晏志杰:《经济学中的边际主义》,北京大学出版社,1987年版,第49页。
② 晏智杰:《经济价值论再研究》,北京大学出版社,2005年版,第9页。
③ 马克思:《资本论》第3卷,人民出版社,2004年版,第728页。
④ 马克思:《资本论》第3卷,人民出版社,2004年版,第702页。
⑤ 马克思:《资本论》第3卷,人民出版社,2004年版,第729页。

价值，并不是因其不包含劳动，而是因其不具有稀缺性从而不能够买卖交换。相反地，不论是否经过开垦从而凝结劳动的土地，还是未经开垦从而不包含劳动的土地，显然都同样既具有使用价值又具有稀缺性，因而同样能够买卖交换，同样具有交换价值，同样具有价值。土地能够买卖交换是个不争的事实，恐怕只有傻瓜才能否认。既然土地能够买卖交换，怎么会不具有交换价值？天地间哪里会有能够买卖交换却不具有交换价值的东西！土地能够买卖交换，就已经意味着土地具有交换价值，断言能够买卖交换的东西却不具有交换价值岂不自相矛盾？

综上可知，误以为"价值悖论"是个不争的事实，使斯密、李嘉图和马克思否认"商品价值是商品效用"的效用价值论之真理，而堕入"劳动是创造商品价值的唯一源泉"和"商品价值是商品中所凝结的劳动"的劳动价值论之谬误。边际效用论则通过"使用价值是商品边际效用"的伟大发现，科学地证明了"使用价值与交换价值的大小成正比"，从而表明"价值悖论"不能成立，终结了劳动价值论统治，使我们又回到了自亚里士多德以来历代相沿的效用价值论：商品价值就是商品满足人的需要和欲望的效用。

只不过，商品的使用价值是商品事实属性对于消费需要的边际效用；而商品交换价值则是商品使用价值对于换取其他商品的交换需要的效用，说到底，也就是商品边际效用对于交换需要的效用：商品使用价值——商品边际效用——是商品交换价值的源泉和实体。因此，交换价值量的大小与使用价值量的大小一样，都完全取决于边际效用量：商品的交换价值量与其边际效用量相等。这就是为什么，熊彼特在论及边际效用论的贡献时说："他们证明了亚当·斯密、李嘉图和马克思认为不可能证明的事：用使用价值来解释交换价值。"[1]

---

[1] Joseph A. Schumpeter: History of Economic Analysis. London: GEORGE ALLEN & UNWIN Ltd., 1955, p.960.

边际效用论取代马克思和古典经济学派劳动价值论，堪称经济学革命。熊彼特将这种革命比作日心说取代地心说："日心说取代地心说和边际效用理论取代'古典经济学说'，是同一种类的业绩。"[1]马克·斯考森在论及边际革命的意义时也一再说："它的发现解决了价值悖论，这个悖论曾让从亚当·斯密到约翰·穆勒的古典经济学家们灰心丧气。这一思想也破坏了马克思主义经济学。边际效用革命拯救了垂死的科学。那是令经济学家精神振奋的时代。"[2]

我们终于完成了商品价值论和自然内在价值论的解析。一方面，商品价值论的分析表明，任何商品价值都是商品对人的需要的效用：商品的使用价值是商品的边际效用。而商品交换价值则是商品使用价值对于换取其他商品的交换需要的效用，说到底，也就是商品边际效用对于交换需要的效用：商品使用价值——商品边际效用——是商品交换价值的源泉和实体。所以，商品价值论并没有证伪而是证实了"价值就是客体对主体需要——及其经过意识的各种转化形态，如欲望、兴趣、目的等——的效用"的效用论价值定义。

另一方面，自然内在价值论的研究表明，只有生物才具有分辨好坏利害的评价能力和趋利避害的选择能力，因而对于生物来说，事物是有好坏利害之分的，是有价值可言的。生物可以是价值主体，具有对于自己的价值，亦即具有内在价值。这样，价值是客体对于主体的需要——及其经过意识的各种转化形态——的效用，便被自然内在价值论证明是普遍适用于一切价值领域的定义。它在植物、微生物和无脑动物所拥有的价值领域表现为客体对主体需要的效用；在有脑动物所拥有的价值领域表现为客体对主体的需要及其各种转化形态——欲望、兴趣、目的等——的效用；在人类所拥有的价值领域则不但表现为客体对于主体的

---

[1] 熊彼特：《经济分析史》第三卷，商务印书馆，1991年版，第251页。
[2] 马克·斯考森：《现代经济学的历程》，长春出版社，2009年版，第169页。

需要、兴趣、欲望、目的的效用，而且可以表现为客体对于主体的理想——主体的理性的、理智的、远大的需要、兴趣、欲望、目的——的效用。

因此，我们可以得出结论说："客体对主体需要——及其经过意识的各种转化形态，如欲望、兴趣、目的等——的效用"乃是价值概念的科学界定。界定了价值，不言而喻，也就不难理解评价概念了。

四、价值反应：评价概念

1. 反映与反应：真假与对错

何谓评价？至今最为恰当且广为接受的定义恐怕就是：评价是对价值的意识，是对价值的反映。然而，细究起来，这个定义并不确切。它误将"反应"当作"反映"。因为真正来讲，评价是对价值的反应，而不仅仅是对价值的反映。那么，反映与反应究竟有什么不同？

所谓反应，如所周知，是事物相互作用的产物。任何事物无疑都与他事物存在相互作用，因而不断变化着。一事物在他事物作用下所发生的变化，就是对他事物的作用和属性的回答、表现。这种变化、回答或表现，相对他事物的作用和属性来说，便叫作反应：反应就是一事物在他事物作用下所发生的变化，就是对他事物的作用和属性的回答或表现。举例说，滴水穿石，是石头在滴水的作用下所发生的机械变化，叫机械反应。它是对水的"柔弱胜刚强"的属性和作用的表现。水热蒸发，是水在热的作用下所发生的物理变化，叫物理反应。它是对热的属性和作用的表现。铁生锈，是铁在氧的作用下所发生的化学变化，叫化学反应。它是对氧的属性和作用的表现。含羞草受到震动，叶柄便耷拉下来，是含羞草在震动的作用下发生的生物变化，叫生物反应。它是对震动的属性和作用的表现。显然，反应是一切事物都具有的属性。

然而，反映并不是一切事物都具有的属性。所谓反映，如所周知，原本是一种特殊的物理现象，如镜子里面的东西就是镜子外面的东西的反映。认识论借用这个原本属于物理现象的反映概念来定义认识：认识就是大脑对外界事物的反映，如同镜子里的影像就是镜子对外界事物的反映一样。反映是一种特殊的反应，属于反应范畴。因为镜子对外物的反映，就是外物通过作用于镜子而使镜子发生的一种变化。镜子的反映就是镜子的一种特殊的反应。同理，大脑对外界事物的反映，就是外界事物通过感官作用于大脑而使大脑发生的变化，也就是大脑通过感官在外界事物作用下所发生的变化，也就是大脑对外界事物的作用和属性的一种回答、表现，因而属于反应范畴。所以，反映是一种特殊的反应。这种特殊性可以归结为：一方面，就物理世界来说，反映只是某些特殊物质（如镜子、水面、眼睛、电视、摄影等）才具有的反应。另一方面，就精神世界来说，反映只是一种更为特殊的物质——大脑——对外界事物的反应，是反应发展的最高阶段。

因此，反映与反应具有根本不同的性质：反映有所谓"真假"；反应无所谓真假，而只可能有所谓"对错"。所谓"真假"，亦即相符性，亦即反映与其对象的相符性：相符为真，不符为假。对于大脑的反映——认识——来说，这种相符性或真假性就是所谓的真理性：相符者为真理，不符者为谬误。所谓"对错"，则是效用性，亦即客体对主体需要的效用，指客体是否有利于满足主体的需要、欲望、目的：有利于满足者叫作"对""好""应该""正确"，有害于满足者叫作"错""坏""不应该""不正确"。对错与好坏、应该不应该以及正确不正确大体说来是同一概念。那么，为什么反映有所谓真假，而反应则只可能有所谓对错？

这是因为，反映的基本性质，正如反映论理论家们所言，是对象的复制和再现。康福尔特说："反映过程本身包括两个特殊的物质过程之间的这样一种相互联系，在这种相互联系中，第一个过程的特点再现为第二个过程的相应的特点。"①乌克兰采夫也一再说:"反映是客体（或主体与客体）相互作用的一个特殊方面和特殊产物，这种产物是被反映的外部客体的过程的若干特点在反映的客体（或主体）过程变化的诸特点中或多或少相符的复制。"②我国学者夏甄陶也这样写道:"一切反映的最简单也是最普遍的本质规定，是它对其原型相应特点的复制与再现。"③反映既然是对象的复制和再现，因而也就存在是否与对象相符的问题，亦即所谓真假：相符者为真或真理，不符者为假或谬论。如果反映是主体对客体的反映，那么，这种反映不仅有真假，而且有对错：真的反映有利于满足主体需要，因而是对的、好的、应该的、正确的；假的反映有害于满足主体需要，因而是错的、坏的、不应该的、不正确的。

反之，反应虽然与反映一样，也是对于对象的作用和属性的表现，是对象的作用和属性的某种表现形式；但是，反应却不是对象的作用和属性的复制或再现，因而没有是否与对象相符的问题，无所谓真假，更无所谓真理性的问题。反应只可能有是否与对象适应从而是否与主体的需要相符的问题，因而便只可能有所谓对错，只可能有所谓效用性：适应对象从而符合主体需要者，就是对的、好的、应该的、正确的；不适应对象从而不符合主体需要者，就是错的、坏的、不应该、不正确的。举例说：

达尔文有一次在野外遇见老虎，他直面老虎，慢慢后退。因为他知道，见到老虎如果转身就跑，老虎定来追赶，必被老虎吃掉。只有面对老虎慢慢后退，老虎才不敢来追，才可能保全性命。达尔文对于老虎的这种认识，是他的大脑对老虎本性的反映，是对老虎本性的复制和再现，因而有个是否与老虎本性相符的问题，有个真假的问题：它是真理，因

---

① 乌克兰采夫:《非生物界的反映》,中国人民大学出版社,1988年版,第6页。
② 乌克兰采夫:《非生物界的反映》,中国人民大学出版社,1988年版,第80页。
③ 夏甄陶主编:《认识发生论》,人民出版社,1991年版,第63页。

为它与老虎的本性相符。同时，它也是对的、应该的、正确的，因为它能够使达尔文避免被老虎吃掉，有利于满足自己的生存需要。至于达尔文直面老虎慢慢后退，则是他对老虎本性的反应。这种反应显然只是对老虎本性的应答和表现，却不是对老虎本性的复制和再现，因而无所谓真假，无所谓真理性。而只有所谓对错，只有所谓效用性：它是对的、应该的、正确的，因为它使达尔文避免了被老虎吃掉，满足了自己的生存需要。

2. 评价：价值的反应

对于反映与反应的辨析表明，"意识或心理都是大脑的反映"的主流观点，是不能成立的。因为"心理或意识"，如所周知，分为"知"（认知、认识）、"情"（感情、情感）和"意"（意志）：只有认识、认知是大脑对事物的反映；感情和意志则并非大脑对事物的反映，而是大脑对事物的反应。因为只有认识、认知才是对象的复制与再现，因而才有是否与对象相符的问题，才有所谓真假：相符者为真，是真理，不符者为假，是谬误。

反之，感情和意志并不是对象的复制与再现，而只是对于对象的回答和表现：感情是主体对其需要是否被对象满足的内心体验，意志是主体对其行为从确定到执行的心理过程。所以，感情和意志虽属于心理、意识范畴，却与行为一样，都不是对客观对象的反映，而是对客观对象的反应；都不是对客观对象的摹写、复制、揭示、说明，而是对客观对象的要求、设计、筹划、安排；都不是提供关于客观对象的知识，而是提供如何利用和改造客观对象的方案；都不是寻求与客观对象相符，而是寻求对主体需要的满足。所以，感情和意志都无所谓是否与对象相符的问题，无所谓真理性；而只有是否符合主体需要的问题，只有所谓效用性，亦即所谓对错：有利于满足主体需要者，就是对的、好的、应该的、正确的；有害于满足主体需要者，就是错的、坏的、不应该、不正确的。

举例说，孔明认为马谡是大将之才，属于认识、认知范畴。它是孔明大脑对于马谡才能的反映，是马谡才能的复制和再现，因而有是否与马谡才能相符的问题，有所谓真假或真理性：它是假的，因为它与马谡的才能不符。反之，孔明对马谡的偏爱和重用之意，则属于感情和意志范畴。它们只是孔明大脑对马谡才能的反应，而不是对马谡才能的反映。因为它们都不是马谡才能的复制和再现，因而都不具有是否与马谡才能相符的所谓真理性问题：谁能说孔明对马谡的偏爱和重用之意是真理或谬误？孔明的偏爱和重用之意显然只有是否有利于满足主体的需要、欲望以及目的的问题，因而只有所谓效用性，亦即只有所谓对错：它们是错的、不应该的、不正确的，因为它们导致街亭失守，不符合蜀国和孔明的需要、欲望、目的。

这样一来，将评价定义为对价值的反映，就犯了以偏概全的错误。因为评价的外延，如所周知，并非只有认知评价，至少还包括情感评价和意志评价。认知评价与价值判断是同一概念，是对价值的认识、认知，属于认知、认识范畴，因而是对价值的反映。但是，情感评价是对价值的心理体验，属于感情范畴；意志评价是对价值的行为选择从确定到执行的心理过程，属于意志范畴。因此，情感评价和意志评价便与感情和意志一样，不属于反映范畴而属于反应范畴：它们不是对价值的反映，而是对价值的反应。

举例说，张三看见牡丹花，"认为牡丹花很美"，"觉得牡丹花可爱"，"决定买两朵牡丹花"。"认为牡丹花很美"，是认知评价，是大脑对牡丹花的价值的反映。因为这种认知评价属于认识范畴，是对牡丹花的价值的复制和再现，具有真假或真理性：它是真理，因为它与牡丹花的价值相符。反之，"觉得牡丹花可爱"是情感评价，是对牡丹花价值的心理体验，属于情感范畴；"决定买两朵牡丹花"是意志评价，是对牡丹花价值的行为选择的心理过程，属于意志范畴：二者都仅仅是大脑对牡丹花价值的反应，而不是对牡丹花价值的反映。因为它们都不是对牡丹花的价值的复制和再现，都不具有真假或真理性，而只具有对错或效用性：它们是对的、应该的、正确的，因为它们符合主体（张三）的需要、欲望和目的。

可见，只有认知评价才是对价值的反映；情感评价和意志评价则不是对价值的反映，而只是对价值的反应。因此，将评价定义为对价值的反映，犯了以偏概全的错误：评价是对价值的反应，而不仅仅是对价值的反映。不过，细究起来，评价的这个定义仍有缺憾：评价究竟是什么东西对价值的反应？

当然，这个问题现在不难回答。因为我们已经知道，一方面，价值是客体对于主体的需要、欲望和目的的效用，是客体对主体的效用；另一方面，反应是一事物在他事物作用下所发生的变化。因此，对价值发生反应的东西，不是别的，正是所谓主体：价值是客体对主体的效用，评价则是主体对于客体的效用或作用——价值——的反应；价值是客体的效用、作用，评价则是主体的反应、回答。因此，牧口常三郎写道："主体在一定程度上意识到客体的影响时，主体就相应而动，这个活动就叫作评价。"[1] 所以，精确来讲，评价是主体对价值的反应，是主体对客体价值的反应；简言之，评价是对价值的反应，是对价值的表现、表达。

3. 评价类型：认知评价、感情评价、意志评价与行为评价

评价是主体对客体价值的反应，无疑仅仅是评价的定义，因而仅仅是对评价外延的界定；而真正把握评价概念，显然还必须对这个界限所包括的事物进行划分：这就是评价的分类。粗略看来，评价分为三类：认知评价、情感评价和意志评价。这也是流行定义"评价是对于价值的

---

[1] 牧口常三郎：《价值哲学》，中国人民大学出版社，1989年版，第22页。

意识"应有之义，因为意识便分为认知、情感和意志三类。

然而，评价的这个定义和分类是错误的：它们也犯了以偏概全的错误。因为我们对于价值不仅可以发生意识反应，而且也可以发生行为反应：二者同样是对价值的反应，同样是对价值的表现、表达，因而同样是评价。所以，不仅有意识评价（包括认知评价、情感评价和意志评价，它们是对于价值的意识，是对于价值的意识反应，是对于价值的意识表现），而且有行为评价：它是价值引发的行为，是对价值的行为反应，是对价值的行为表现、表达。举例说：

我们看见牡丹花，对于它的价值，不仅会发生种种意识反应，如"认为牡丹花很美"（认知评价）、"觉得牡丹花可爱"（情感评价）、"决定买两朵牡丹花"（意志评价），而且可能发生行为反应："买了两朵牡丹花"。试想，如果"决定买两朵牡丹花"是对牡丹花价值的评价，那么"买了两朵牡丹花"岂不更加是对牡丹花价值的评价？只不过，"决定买两朵牡丹花"是对牡丹花价值的意志评价、意志表现；而"买了两朵牡丹花"则是对牡丹花价值的行为评价、行为表现。并且，行为评价的本性显然与意志评价或感情评价的本性完全相同：无所谓真假或真理性，而只有所谓对错或效用性。因为，谁会说"买了两朵牡丹花"和"决定买两朵牡丹花"是真理还是谬论？岂不只能说它们是对还是错吗？

可见，评价就是对价值的反应：不仅是对价值的意识反应，因而分为认知评价、感情评价和意志评价；而且是对价值的行为反应，因而还包括行为评价。但是，这种评价分类仍然有以偏概全之嫌。真正来讲，评价不仅包括意识反应和行为反应，而且包括合意识反应与合行为反应，亦即生物对价值的反应。因为评价是对价值的反应，显然意味着一切事物对价值的反应都是评价。当然，这并不是说：一切事物都能够对价值发生反应，都具有评价能力。不是的！并非任何事物都能够对价值发生反应。试想，石头等非生物能够对价值发生反应吗？不能。因为对于石头等非生物来说，任何东西显然都无所谓好坏，无所谓有价值还是无价值。我们甚至不能说把石头打碎烧化，使它不复存在，对于石头来说就是坏事：石头存在还是不存在，对于石头自身来说是无所谓好坏价值的，因为石头等非生物不具有分辨好坏价值的能力。既然对于石头来说，一切事物都无所谓好坏价值，那么，价值对于石头来说就是根本不存在的：石头怎么能够对不存在的东西发生反应呢？所以，石头等非生物只能够对打碎它的铁锤和烧化它的烈火发生反应，却不能够对铁锤和烈火的好坏价值发生反应：对于石头等非生物来说，根本就没有价值这种东西。

能够对价值发生反应的事物，无疑仅仅是那些对价值具有分辨能力的事物，也就是那些具有分辨好坏利害能力的事物，说到底，也就是生物。因为如前所述，生物与非生物根本不同：一切生物都具有分辨好坏利害能力，都具有对于价值的分辨能力。就这种能力最为普遍的形态来说，便是所谓的向性运动与趋性运动：这种运动为一切植物、动物和微生物所固有。举例说，植物叶肉细胞中的叶绿体，在弱光作用下，便会发生沿叶细胞横壁平行排列而与光线方向垂直的反应；在强光作用下，则会发生沿着侧壁平行排列而与光线平行的反应。这两种反应显然是对弱光和强光的价值的合目的反应：前者是无意识地为了吸收有利于自己因而具有正价值的最大面积的光；后者是无意识地为了避免吸收有害于自己因而具有负价值的过多的光。植物的这种趋性运动是对弱光和强光的价值的合目的反应，因而也就是对弱光和强光的一种评价，亦即合行为评价。因为所谓合行为，如前所述，就是一切生物都具有的合目的反应，就是有机体无意识地为了什么所发生的反应。

现代生物学表明，生物的这种合行为评价，引发于生物所固有的合意识评价。所谓合意识，也就是一切生物都具有的合目的反映，就是有机体无意识地为了什么所发生的反映，也就是所谓"分子识别"和"细胞识别"。"分子识别"和"细胞识别"是现代生物学广泛使用的概念，对于这些概念，胡文耕先生曾有十分深刻的论述。通过这些论述，他得出结论说："当无机界出现有机大分子之后，开始有了以分子相互作用为基础的'识别'"[1]，"分子识别完备的表现包括：识别、反应、调节、控制"[2]，"细胞识别是指生物细胞对胞外信号物质的选择性相互作用，并因而引起细胞发生专一的反应或变化"[3]。有机体的分子和细胞对客体的好坏利害有无价值的这种内在的无意识而又合目的的"识别"或反映，就是合意识评价；有机体根据这种评价而发生的无意识而又合目的的外在的反应（调节、控制或变化），就是合行为评价。

总之，评价是一切生物——人、动物、植物、微生物——所固有的反应。所以，罗尔斯顿说："有机体是一种价值系统，一种评价系统。这样，有机体才能够生长、生殖、修复伤口和抵抗死亡。"[4] 只不过，生物因其等级不同，所具有的评价水平也有所不同：植物和微生物以及不具有大脑的动物的评价，都是无意识的、合目的性的，是主体对于客体价值的无意识的、合目的的反应，可以称为合意识评价与合行为评价；反之，人和具有大脑动物的评价，则是有意识的、目的性的，是主体对于客体价值的有意识的、目的性的反映和反应，是意识评价（亦即认知评价、感情评价、意志评价）与行为评价。

价值和评价不是元伦理学的核心范畴，却是元伦理学的最为错综复杂、歧义丛生的概念。我们对于价值和评价概念进行如此详尽解析，是因为弄清了价值和评价究竟是什么，元伦理学的其他范畴——"善"与"应该"以及"正当"等都是一种特殊的价值——也就昭然若揭了。"价值"这个人类所创造的最为复杂的概念之解析，不但使元伦理学的其他

---

[1] 胡文耕：《信息、脑与意识》，中国社会科学出版社，1992年版，第222页。
[2] 胡文耕：《信息、脑与意识》，中国社会科学出版社，1992年版，第139页。
[3] 胡文耕：《信息、脑与意识》，中国社会科学出版社，1992年版，第140页。
[4] 罗尔斯顿：《环境伦理学》，中国社会科学出版社，2000年版，第148页。

概念迎刃而解，而且对于整个伦理学来说，具有莫大的意义。因为只有在其指导下，我们才能够科学地研究那种特殊的价值，亦即与"负价值"相对而言的"正价值"——"善"。只有在"价值"和"善"的指导下，我们才可以科学地研究元伦理学的核心范畴"应该"，因为"应该"是具有正价值的行为，是行为的善。只有在"应该"的指导下，才能够科学地研究"道德应该"，才能够构建整个规范伦理学体系，才能够进而构建整个的美德伦理学体系。因此，价值的概念分析，特别是价值的定义——价值就是客体对主体需要（及其经过意识的各种转化形态，如欲望、兴趣、目的等）的效用——乃是整个伦理学大厦的基石。接下来对于善——正价值——的分析以及而后全部伦理学的研究，都将证明这一点。下面，我们就依据价值和评价概念来解析伦理学的其他初始概念——"善"与"应该"以及"正当"与"事实"。

第三章
元伦理学范畴：伦理学初始概念

本章提要

善与恶都是客体对于主体的需要——及其经过意识的各种转化形态，如欲望与目的——的效用性；而主体的需要、欲望和目的则是善与恶的标准：客体有利于满足主体需要欲望和目的的效用性，叫作正价值，亦即所谓的"善"；客体有害于满足主体需要欲望和目的的效用性，叫作负价值，亦即所谓的"恶"。"行为的善"亦即所谓"应该"：善是一切事物对于主体目的的效用，应该则仅仅是行为对于主体目的的效用。应该是行为善，是行为对于一切目的的效用，是行为符合其目的的效用性；正当则是行为的道德善，是行为对于道德目的的效用，是行为的符合道德目的的效用性。"正当""应该"和"善"都是客体对于主体需要、欲望、目的之效用，因而都属于价值范畴，都是客体的依赖主体需要、欲望、目的而存在的事物。反之，"事实"或"是"，则是价值的对立范畴，是客体的不依赖主体的需要、欲望、目的而独立存在的事物。事实与价值构成客体的全部外延而与主体相对立——主体与客体是构成一切事物的两大对立面——主体及其需要、欲望、目的既不是价值也不是事实，而是联结二者的中介物。

一、善

1. 善的定义：可欲之谓善

元伦理学概念"善"，正如摩尔所说，乃是"善""善本身"，而不是善的事物，不是善的行为、善的品德、善的计策。元伦理学所说的"善"，也不是行为的善、品德的善、道德的善、计策的善、书的善。而是这一切具体事物的善的共性：善。因此，作为元伦理学对象和概念的"善"与作为规范伦理学的对象和概念的"善"不是同一概念——前者是"善"，而后者则是"道德善"。这种区别是如此重要，以至元伦理学家艾温（A.C.Ewing）在《善的定义》一书的序言中写道："关于'善的定义'的问题必须与'什么东西是善'的问题区别开来；我在本书中讨论的是前者而不是后者。"[①] 那么，善的定义究竟是什么？"善"与"什么东西是善"或"善事物"究竟有何不同？

原来，从词源上看，"善"与"义""美"同义，都是"好"的意思。《说文解字》说："善，吉也，从言从羊，此与义、美同意。"《牛津英语辞典》也认为善就是好："善（Good）……表示赞扬的最一般的形容词，它意指在很大或至少令人满意的程度上存在这样一些特性，这些特性或者本身值得赞美，或者对于某种目的来说有益。"那么，善的概念含义与其词源含义是否相同？

答案是肯定的，"善与恶"跟"好与坏""正价值与负价值"是同一概念。这一点，冯友兰说得很清楚："所谓善恶，即是所谓好坏。"[②] 施太格缪勒亦如是说："肯定的价值的承担者，就是善。如果涉及的是否定的价值，那我们就称为恶。"[③] 这就是说，善与恶原本属于价值范畴，是价

[①] A.C.Ewing: The Definition of Good, Hyperion Press,Inc Westport,, 1979, Connecticut Preface.
[②] 冯友兰：《三松堂全集》，河南人民出版社，1986年版，第91页。
[③] 施太格缪勒：《当代哲学主流》，王炳文等译，商务印书馆，1989年版，第329页。

值概念的分类:"价值就是行为、品质特性和客体所存在的善或恶的属性。"①

因此,根据我们关于价值范畴的研究,善与恶也就是客体对于主体的需要——及其经过意识的各种转化形态,如欲望与目的——的效用性。而主体的需要、欲望、目的则是善与恶的标准:客体有利于满足主体需要、欲望、目的的效用性,叫作正价值,因而也就是所谓的善;客体有害于满足主体需要、欲望、目的的效用性,叫作负价值,亦即所谓的恶。所以,冯友兰说:"凡所谓善者,即是从一标准,以说合乎此标准者之谓。……所谓恶者,即是从一标准,以说反乎此标准者之谓。"②

孟子早就看到了善恶以主体的需要、欲望、目的为标准。他将这个道理概括为五个字:"可欲之谓善。"③与孟子同时代的亚里士多德,也曾这样写道:"善的定义揭示的是,具有自身由于自身而值得向往的这类性质的东西,都是一般的善。"④两千年后,罗素以更为科学的语言复述了亚里士多德和孟子的定义:"由此可见,善的定义必须出自愿望。我认为,当一个事物满足了愿望时,它就是善的。或者更确切些说,我们可以把善定义为愿望的满足。"⑤

可是,这一定义能成立吗?试想,如果一个人的欲望——如偷盗欲望——是恶的,那么,这个欲望的满足岂不是恶的吗?确实,偷盗的欲望是恶的,它的满足更是恶的。但是,我们根据什么说偷盗欲望及其满足是恶?显然是根据社会和他人的需要、欲望、目的。偷盗欲望及其满足,有害于社会和他人"不被偷盗"的需要、欲望、目的之满足和实现,

---

① Lawrence C. Becker: Encyclopedia of Ethics Volume II, Garland Publishing,Inc.,New York, 1992, p.897.
② 冯友兰:《三松堂全集》,河南人民出版社,1986年版,第98页。
③《亚里士多德全集》第八卷,苗力田等译,中国人民大学出版社,1992年版,第244页。
④《孟子·尽心》。
⑤《伦理学和政治学中的人类社会》,肖巍译,中国社会科学出版社,1992年版,第66页。

因而是恶的。偷盗愿望的满足是恶，只是因为它阻碍、损害了社会和他人的愿望，而并不是因为它满足了偷盗者的愿望；就它满足了偷盗者的愿望来说，它并不是恶，而是善。

更确切些说，偷盗愿望的满足既是恶又是善。对于偷盗者来说是善，对于社会和他人来说是恶。它对偷盗者来说之所以是善，只是因为它满足了偷盗者偷盗的欲望。它对社会和他人来说之所以是恶，只是因为它损害、阻碍了社会和他人不被偷盗的欲望。所以，说到底，任何欲望的满足都是善，任何欲望的压抑和损害都是恶。

不但某些欲望及其满足是恶，不能否定善是欲望的满足之定义。而且某些欲望（如求生欲）的压抑和损害（如自我牺牲）是善，也不能否定恶是欲望的压抑、损害之定义。这是因为，许多欲望的压抑或满足都具有双重性：它的压抑同时是对其他欲望的满足，它的满足同时是对其他欲望的压抑。因此，这些欲望的满足或压抑便具有善恶双重性：就这些欲望的满足来说是善；就其他欲望的被压抑和被损害来说则是恶。我们都说自我牺牲是善而偷盗是恶，但是，细究起来，二者并非纯粹的善和纯粹的恶，而同样具有善恶双重性。因为我们说自我牺牲是善，只是因为它保全、满足了社会和他人的愿望，而并不是因为它压抑和损害了牺牲者自己的求生欲望。如果就它压抑和损害了牺牲者的求生欲来说，它并不是善，而是恶：谁能说自我牺牲对于牺牲者来说是件好事呢？

可见，不论某些欲望（如偷盗）及其满足是恶，还是某些欲望（如求生欲）的压抑和损害（自我牺牲）是善，都不能否定"善是欲望的满足、恶是欲望的压抑"之定义。"善是欲望的满足"，说的无疑是客体对于主体欲望的满足，亦即客体对主体欲望的满足效用："善是欲望的满足"与"客体对主体欲望的满足效用"是同一概念。这样一来，"善是欲望的满足、恶是欲望的压抑"，便意味着，善与恶都是客体对于主体的需要——及其经过意识的各种转化形态，如欲望与目的——的效用性：

"善"亦即"好""正价值",是客体有利于满足主体需要、欲望、目的的效用性;"恶"亦即"坏""负价值",是客体有害于满足主体需要、欲望、目的的效用性。从这个定义出发,可以进而断言:

所谓"善事物""善的事物",就是具有"善"的事物,也就是具有满足主体需要、实现主体欲望、符合主体目的的效用的事物,说到底,也就是利益或能够带来快乐的东西。因为一方面,所谓利益,正如大卫·博瑞克(David Braybrooks)所言,乃是能够满足主体需要和欲望从而符合主体目的的东西,亦即主体所需要和欲望的东西,说到底,亦即主体的需要和欲望的对象:"利益,根本讲来,可以界定为满足需要的东西,进言之,可以说利益包括能够转化为需要对象的任何资源。"[1] 另一方面,所谓快乐,如所周知,则是对于需要满足、欲望实现、目的达成的心理体验,因而也就是对于得到利益的心理体验:"利,所得而喜也。"[2]

因此,一切善的事物,一切能够满足主体需要、实现主体欲望、符合主体目的的事物,也就都是利益或能够带来快乐的东西。而一切利益或能够带来快乐的东西,也都是客体能够满足主体需要、实现主体欲望、符合主体目的的东西,也就都是善的事物:"善事物""能够满足主体需要、实现主体欲望、符合主体目的的东西"和"利益或能够带来快乐的东西"三者是同一概念。

显然,"善事物"与"善"根本不同:"善"是"善事物"对于主体需要的效用性,说到底,也就是利益或能够带来快乐的东西对于主体需要的效用性,依赖主体需要和欲望而存在,因而属于"价值"范畴;相反地,"善事物"则是利益或能够带来快乐的东西,是能够满足主体需要、实现主体欲望、符合主体目的的事物,是主体的需要和欲望的对象,不依赖主体需要和欲望而存在,因而属于"事实"或"价值实体""善的

---

[1] Lawrence C. Becker: Encyclopedia of Ethics: Volume II. New York: Garland Publishing, Inc., 1992, p.189.
[2]《墨子·兼爱》上。

实体"范畴。然而，很多思想家，如斯宾诺莎，却都将"善"与"善事物"——能够带来快乐的东西——等同起来：

"所谓善或恶是指对于我们的存在的保持有补益或有妨碍之物而言，这就是说，是指对于我们的活动力量足以增加或减少，助长或阻碍之物而言。因此，只要我们感觉到任何事物使得我们快乐或痛苦，我们便称那物为善或为恶。"①

2. 善的类型：内在善、手段善和至善

罗斯和艾温曾十分周详地列举了善的概念的含义和类型，合而观之，可以归结如下：（1）成功或效率，（2）快乐或利益，（3）满足欲望，（4）达到目的，（5）有用或手段善，（6）内在善，（7）至善，（8）道德善。②

然而，一方面，所谓利益，无非能够满足需要、实现欲望、达成目的的东西，而快乐则是对于需要满足、欲望实现、目的达成的心理体验。另一方面，所谓成功无疑是人生目的之实现，而效率则是人的活动实现其目的的程度。所以，罗斯和艾温关于善的前四种含义和类型可以归结为：善是客体满足主体需要、实现主体欲望和达成主体目的的效用性。这其实就是善的定义。最后一种含义"道德善"，亦即所谓"正当"，也是一种对于目的的效用性——不过不是对于某个人的目的的效用性；而是对于社会创造道德的目的的效用性。但是，"道德善"并不是元伦理学对象，而是规范伦理学对象。真正构成元伦理学对象"善"的类型的，显然是善的（5）、（6）、（7）三种含义和类型："手段善"（instrumental good）、"内在善"（intrinsic good）和"至善"（ultimately good）。艾温和罗斯一致认为，这三种善对于哲学来说，是最重要、最基本的。③ 诚哉斯

---

① 斯宾诺莎：《伦理学》，贺麟译，商务印书馆，1962 年版，第 165 页。
② C.E.M.Joad: Classics In Philosophy And Ethics, London Kennikat Press, 1960, pp.194~199.C.Ewing: The Definition of Good, pp.112~117.
③ C.E.M.Joad: Classics In Philosophy And Ethics, London Kennikat Press, 1960, p.198 The Definition of Good , p.117。

言！不过，这三种善，与其说对于哲学，不如说对于伦理学，才是最重要最基本的善的类型。那么，这三种善的含义究竟是什么？

"内在善""手段善""至善"之分，源于亚里士多德。他写道："善显然有双重含义，其一是事物自身就是善，其二是事物作为达到自身善的手段而是善。"① 于是，所谓"内在善"（intrinsic good）也可以称为"目的善"（good as an end）或"自身善"（good-in-itself），是"其自身而非其结果就是可欲的、就能够满足需要、就是人们追求的目的"的善。例如，健康长寿能够产生很多善的结果，如更多的成就、更多的快乐等。但是，即使没有这些善结果，仅仅健康长寿自身就是可欲的，就是人们追求的目的，就是善。因此，健康长寿乃是内在善。所以，罗斯说："内在善最好定义为不是它所产生的任何结果而是它自身就是善的东西。"②

反之，所谓"手段善"（instrumental good）也可以称为"外在善"（extrinsic good）或"结果善"，乃是"其结果是可欲的、能够满足需要、从而是人们追求的目的"的善，是"能够产生某种善的结果"的善，是"其结果而非自身成为人们追求的目的"的善，是"其自身作为人们追求的手段、而其结果才是人们所追求的目的"的善。例如，冬泳的结果是健康长寿。所以，冬泳的结果是可欲的，是一种善，是人们所追求的目的；而冬泳则是达到这种善的手段，因而也是一种善。但是，冬泳这种善与它的结果——健康长寿——不同，它不是人们追求的目的，而是人们用来达到这种目的的手段，是"手段善"。所以，罗斯论及"手段善"时写道："它是达到某种善的目的的手段，换言之，善的这种含义用于一种复合行为，意指被叫作善的东西和它的某种结果、亦即结果善之间的因果关系。"③

---

① 亚里士多德：《尼各马科伦理学》，中国社会科学出版社，1990年版，第8页。
② W.D.Ross: The Right and Good, Oxford At The Clarendon Press, 1930, p.198.
③ W.D.Ross: The Right and Good, Oxford At The Clarendon Press, 1930, p.198.

不难看出，内在善与手段善的区分往往是相对的。因为内在善往往同时也可以是手段善，反之亦然。健康是内在善。同时，健康也可以使人建功立业，从而成为建功立业的手段，成为手段善。自由可以使人实现自己的创造潜能，是达成自我实现的善的手段，因而是手段善。同时，自由自身就是可欲的，就是善，因而又是内在善。所以，艾温说："一些东西可能既是手段善也是目的善，这在所有的事物中是比较好的东西。仁慈就是这种东西，因为它不但自身善，还能产生幸福。"[1]

那么，有没有绝对的内在善？有的。所谓绝对的内在善，亦即至善、最高善、终极善，也就是"绝对不可能是手段善而只能是目的善"的内在善。这种善，正如亚里士多德所说，就是幸福。因为幸福只能是人们所追求的目的，而不可能是用来达到任何目的的手段："我们说，为其自身而追求的东西，比为它物而追求的东西更加靠后。看起来，只有幸福才有资格称作绝对最后的，我们永远只是为了它本身而选取它，而绝不是因为其他别的什么。"[2]

可见，"至善""目的善""手段善"与罗斯、艾温所列举的其他善一样，都是指满足需要、实现欲望、达成目的的效用性。只不过"目的善"和"至善"乃其自身就是可欲的，就能够满足需要，就是人们追求的目的；而"手段善"则是其结果是可欲的，能够满足需要，从而是人们追求的目的。因此，任何善都是客体所具有的能够满足主体需要、实现主体欲望、达成主体目的的效用性，是人们所赞许、所选择、所欲望、所追求的东西："我们可以采用一个专门术语，把善界定为引发正面态度（用罗斯的话）的客体。'正面态度'意味着包括所有赞成态度。它包括，例如，选择、欲望、喜欢、追求、赞许、羡慕。"[3]

---

[1] A.C.Ewing: Ethics, The Free Press New York, 1953, p.13.
[2] 亚里士多德：《尼各马科伦理学》，中国社会科学出版社，1990年版，第10页。
[3] A.C.Ewing: The Definition of Good, Hyperion Press, Inc., Westport, 1979, p.149.

3. 恶的类型：纯粹恶与必要恶

善的反面，正如艾温所说，就是恶："前者可以称为正面态度，后者则是反面态度。"[1] 因此，在他看来，恶具有与善——一一对应的相反的含义和类型：（1）不愉快，（2）阻碍满足欲望，（3）达不到目的，（4）无效率，（5）产生内在恶的东西，（6）内在恶，（7）至恶，（8）道德恶。[2]

显然，前四种含义可以归结为一句话：恶是阻碍满足需要和欲望从而不能达成目的的效用性。最后一种含义"道德恶"，亦即所谓"不正当"，也是一种对于目的的负效用性，亦即对于社会创造道德的目的的负效用性。但是，"道德恶"并不是元伦理学对象，而是规范伦理学对象。真正构成元伦理学对象"恶"的类型的，也是（5）、（6）、（7），亦即与"手段善""内在善""至善"相对应的三种恶："产生内在恶的东西""内在恶""至恶"。

"至善"亦即幸福；所以，"至恶"也就是不幸。"内在善"亦即自身善；所以，"内在恶"也就是"自身恶"。"手段善"亦即结果善。所以，"产生内在恶的东西"，也就是"结果恶"。不过，结果善是人们所追求的目的，因而达成结果善的东西可以称为"手段善"。反之，结果恶不可能是人们所追求的目的，因而导致结果恶的东西不可以称为"手段恶"，而只能是"结果恶"。"至恶"亦即不幸，是不言而喻之理。但是，"自身恶"与"结果恶"的含义却十分复杂：它们究竟意味着什么？

结果是恶的东西，其自身既可能阻碍满足需要、实现欲望、达成目的，从而是恶的。也可能有利于满足需要、实现欲望、达成目的，从而是善的。结果与自身都是恶的东西，如癌病，可以名为"纯粹恶"。结果是恶而自身是善的东西，一般来说，其善小而其恶大，其净余额是恶，因而也属于"纯粹恶"范畴。举例说，吸毒、放纵、懒惰、奢侈、好色、

---

[1] A.C.Ewing: The Definition of Good, Hyperion Press, Inc., Westport, 1979, p.150.
[2] A.C.Ewing: The Definition of Good, Hyperion Press, Inc., Westport, 1979, p.117.

贪杯等绝大多数恶德，就其自身来说，都是一种需要的满足、欲望的实现、目的的达成，因而都是善。但就其结果来说，却阻碍满足或实现更为重大的需要、欲望、目的，因而是更为巨大的恶：其净余额是恶，因而也是一种纯粹的恶。

反之，自身是恶的东西，其结果既可能是恶，也可能是善：前者如癌病，因而属于"纯粹恶"范畴；后者如阑尾炎手术，因而可以称为"必要恶"。必要恶既极为重要，又十分复杂，可以把它定义为"自身为恶而结果为善，并且结果与自身的善恶净余额是善的东西"。这种东西就其自身来说，完全是对需要和欲望的压抑、阻碍，因而是一种恶。但是，这种恶却能够防止更大的恶或求得更大的善，因而其结果的净余额是善，所以叫作"必要恶"。举例说：

阑尾炎手术，就其自身来说，开刀流血、大伤元气，完全是一种恶。但是，它能够防止更大的恶：死亡。因此，阑尾炎手术的净余额是善，是一种必要恶。冬泳，就其自身来说，冰水刺骨，苦不堪言，完全是一种恶。但是，它却能带来更大的善：健康长寿。所以，冬泳的净余额是善，是一种必要恶。伯纳德·格特（Bernard Gert）曾以"疼痛"为例，十分深刻地揭示了必要恶之本性：

"说疼痛是一种恶，并不是说疼痛不能达成一种有用的目的。疼痛以某种方式向我们提供需要医治的警告。如果我们感觉不到疼痛，我们便不会注意到这种必要的医治，以致可能导致死亡的恶果。关于疼痛作用的这一事实在某种程度上可以用来解析恶的问题。它以某种方式表明，恶可能是世界上最好的东西：所有这种恶便叫作必要的恶。"[1]

显然，必要恶的净余额是善，因而实质上仍然属于善的范畴。只不过，它属于手段善、外在善、结果善范畴。并且，它的善既然仅仅存在

---

[1] Bernard Gert: Moraility:A New Justification of The Moral Rules, Oxford University Press New York Oxford, 1988, p.48.

于结果，而不在自身，其自身完全是恶。那么，它便不可能是内在善，而只可能是手段善、外在善、结果善。它是绝对的手段善、外在善、结果善，亦即绝对不可能成为"内在善"和"自身善"的手段善和外在善。所以，如果说绝对的内在善只有"幸福"一种事物；那么，绝对的手段善或必要恶则不胜枚举，如手术、疼痛、政治、法律、监狱、刑罚等。因为这些东西就其自身来说，无不是对于人的某些欲望和自由的限制、压抑、侵犯、损害，因而是一种恶。但是，这些恶却能够防止更大的恶（个人的死亡或社会的崩溃）和求得更大的善（生命的保存或社会的发展），因而其结果的净余额是善，是必要恶，是绝对的手段善。

可见，"必要恶"与"纯粹恶"以及"至恶"虽然有所不同，但就其为恶而言，却完全一样，都是指客体压抑主体实现需要、欲望、目的的效用性：必要恶是通过压抑价值较小的欲望而实现价值较大的欲望；纯粹恶是完全压抑欲望之实现，或为实现价值较小的欲望而压抑价值较大的欲望。但是，就这些概念的学术价值来说，"必要恶"远远重要于"纯粹恶"和"至恶"，乃是元伦理学最重要的概念之一，意义极为重大：它是破解规范伦理学"道德起源和目的（道德究竟起源于道德自身，为了完善每个人品德；还是起源于道德之外，为了增进每个人的利益和幸福）之谜"的钥匙。

弄清了什么是"善"，也就可以进一步研究"应该"和"正当"了。因为"应该"和"正当"说到底，无非都是一种特殊的"善"：应该是行为的善，正当是行为的道德善。

二、应该与正当

1. 应该：行为的善

善是客体有利于满足主体需要、实现主体欲望、符合主体目的的效用，意味着善乃是人或主体的一切活动或行为所追求的目标。因为人或主体的一切活动或行为的目的，无疑都是满足其需要和欲望。所以，亚里士多德的《尼各马科伦理学》一开篇便这样写道："一切技术，一切规划以及一切实践和选择，都以某种善为目标。"①艾温则干脆把善的追求作为善的定义："善意味着：它是适合选择或追求的客体。"②

不过，不论是谁，他追求善的行为都既可能达到也可能达不到预期目标。一个人的能够达到其目的从而能够满足其需要和欲望的行为，与他所追求的善一样，无疑也因其符合善的定义而属于善的范畴，叫作善的行为；反之，阻碍达到目的、阻碍满足需要和欲望的行为，则符合恶的定义，属于恶的范畴，叫作恶的行为。举例说：

如果我想健康长寿，那么，饮食有节、起居有常便因其能够实现健康长寿的欲望和目的，而是善的行为。反之，饮食无度、起居无常，则因其阻碍实现健康长寿的欲望和目的，而是恶的行为。

但是，正如摩尔和罗斯所说，"善行为"和善行为的"善"有所不同。善行为的善（good）或善性（goodness），则是行为所具有的能够达到目的、满足需要、实现欲望的效用性，简言之，也就是行为的能够实现其目的的效用。行为的这种善或善性，便是所谓的"应该"。反之，恶行为的恶或恶性，则是行为所具有的不能够达到目的、不能满足需要、不能实现欲望的效用性，简言之，也就是行为的不能实现其目的的效用。行为的这种恶性，便是所谓的"不应该"。

试想，为了健康长寿，应该饮食有节。那么，应该饮食有节的"应该"是什么意思？意思显然是饮食有节具有能够达到其目的——健康长寿——的效用性。反之，不应该饮食无度的"不应该"是什么意思？意思岂不是饮食无度具有达不到其目的——健康长寿——的效用性吗？所以，"应该"和"不应该"并不一定具有道德含义，它们只是行为对于目

---

① 亚里士多德：《尼各马科伦理学》，中国社会科学出版社，1990年版，第3页。
② A.C.Ewing: The Definition of Good, Hyperion Press, Inc., Westport, 1979, p.190.

的的效用性。一个人的目的不论如何邪恶，他的某种行为如果能够达到其邪恶目的，那么，对于他来说，这种行为便是他应该做的。他的某种行为如果不能够达到其邪恶目的，那么，对于他来说，这种行为便是他不应该做的。因此，艾温说：

"'应该'有时仅仅用来表示达到某种目的的最好手段，而不管这种目的究竟是善还是恶的。例如，'凶手不应该把自己的指纹留在凶器上'。"①

可见，应该是行为的善，是行为对于目的的效用性。那么，应该是否仅仅是行为的善？善存在的领域，无疑可以分为两类："意识、目的领域的善"与"无意识、无目的领域的善"。无意识、无目的领域的善，仅仅是善而无所谓应该。我们只能说"水到零摄氏度结冰对人有利还是有害、是善还是恶"，却不能说"水应该还是不应该零摄氏度结冰"。只能说"金刚石坚硬有用，是一种善"，却不能说"金刚石应该坚硬"。所以，康德说："问到自然'应该'是什么，其荒谬正如去问一个圆'应该'具有什么性质一样。"②

因此，"应该"这种善，一定仅仅存在于意识、目的领域，它仅仅是意识、目的领域的善。可是，它究竟是意识、目的领域的什么东西的善呢？是人或主体的血肉之躯吗？不是。因为我们不能说"一个人生得美是应该的，而生得丑是不应该的"。为什么不能说"天生的美丑是应该或不应该的"？因为它们是不自由的、不可选择的。所以，只有自由的、可以选择的东西，才可以言"应该不应该"。那么，在意识、目的领域，究竟什么东西才是自由的、可以选择的？

显然只有行为及其所表现和形成的品质。一般来说，行为范畴也可以涵盖行为所表现和形成的品质。因此，艾温说："'应该'不同于'善'

---

① A.C.Ewing: Ethics, The Free Press New York, 1953, p.15.
② 约翰·华特生编选：《康德哲学原著选读》，商务印书馆，1963年版，第161页。

之处在于，它主要与行为有关。"[1] 只有行为的善才是所谓"应该"。"应该"是并且仅仅是行为的善，是行为对于目的的效用性，是行为的能够实现其目的的效用性，是行为所具有的能够达到目的、满足需要、实现欲望的效用性。说到底，在行为领域，"应该"与"善"或"正价值"不过是客体对主体需要的同一效用的不同名称，不过是同一概念的不同称谓罢了。这恐怕就是一切具有"应该"概念的判断都叫作"价值判断"的缘故。

2. 正当：行为的道德善

正当（right）和不正当（wrong）亦即所谓道德善恶。元伦理学家们，如罗斯、艾温、黑尔、石里克和罗素等，都把"道德善"作为"善"的一个重要的具体类型而详加分析。这恐怕是因为，一方面，人们往往把"善"与"道德善"等同起来，因而如不进行比较分析，便不可能真正理解其一。另一方面，在伦理学中，"善"的分析最后必须落实于"道德善"的分析："善"的分析不过是个方法、手段，它的目的全在于解析"道德善"，从而确立能够指导行为的道德原则。那么，"道德善"究竟是什么？

界定道德善恶或正当不正当概念的首要问题无疑是：究竟什么东西可以言道德善恶或正当不正当？几乎所有东西都可以言善恶，如晨风夕月、阶柳亭花、民主自由、科学艺术等皆有用于人，因而都是善的；地震飓风、山洪暴发、专制奴役、愚昧迷信等皆有害于人，因而都是恶的。然而，可以言道德善恶或正当不正当的东西却极其有限。弗兰克纳说："可以言道德善或恶的东西是人、人群、品质、性情、情感、动机、意图——总之，人、人群和人格诸要素。"[2]

其实，这些东西也并不都可以言道德善恶，如人的自然躯体、人格

---

[1] A.C.Ewing:Ethics, The Free Press New York,1953, p.15.
[2] William K.Frankena: Ethics, Prentice-Hall, Inc., Englewood Cliffs New Jersey, 1973, p.62.

的先天遗传的气质、类型、特质等。可以言道德善恶或正当不正当的东西，细细想来，无疑只是具有意识的、可以自由选择的东西，说到底，只是行为及其所表现的品德。那么，究竟什么行为和品德是道德善或道德恶？

行为及其品德的道德善既然是一种"善"，那么，正如麦凯（J.L.Mackie）所说，它们也就不能不具有"善"的一般属性，不能不是客体所具有的能够满足主体需要、实现主体欲望、符合主体目的的效用性："道德语境中的善仍然具有善的一般含义，亦即仍然以某种需求或利益或愿望的满足为特征。"①问题在于，行为及其品德的善或道德善所满足的究竟是谁的需要、欲望、目的："仍然未决的是，这些被满足的需求究竟是当事人的，还是其他人的，抑或是每个人的？"②

里查德·泰勒（Richard Taylor）在研究这个难题时指出，一个人如果脱离社会而孤零零地生活，那么，在他那里就只有善恶而不存在正当不正当："只要我们设想仅仅存在一个人的世界，尽管这个人是个有目的有感情的生物，那么，在这个世界里也只可能有善与恶，而绝无正当与不正当或道德责任等伦理概念存在的余地。"③为什么正当不正当仅仅存在于社会中，而在脱离社会的个人那里却只有善恶？

这显然是因为，首先，善所满足的是任何主体的需要、欲望、目的；而正当所满足的则仅仅是一种特殊的主体——社会——的需要、欲望、目的，是社会创造道德的需要、欲望、目的。其次，善是一切事物所具有的能够满足任何主体需要、欲望、目的的属性；正当则是行为及其品德所具有的能够满足社会创造道德的需要、欲望、目的的属性。再

---

① J.L.Mackie: Ethics:Inventing Right and Wrong ,Singapore Ricrd Clay Pte Ltd., 1977, p.59 .
② J.L.Mackie: Ethics:Inventing Right and Wrong ,Singapore Ricrd Clay Pte Ltd., 1977, p.59.
③ Louis P.Pojman: Ethical Theory: Classical and Contemporary Readings, Wadsworth Publishing Company USA,1995,p.136.

次，善恶属于价值范畴，是价值的分类，是正价值与负价值的同义语。正当与不正当则属于道德价值范畴，是道德价值的分类，是正道德价值与负道德价值的同义语。最后，善恶是客体（一切事物）对于主体需要、欲望、目的的效用性，说到底，也就是一切事物对于主体目的的效用性：符合目的之效用即为善，违背目的之效用即为恶。正当不正当则是道德客体（行为及其品德）对于道德主体（社会）制定道德的需要、欲望、目的的效用性，说到底，也就是行为及其品德对于道德目的的效用性：符合道德目的之效用，便是所谓的正当，便是所谓的道德善；违背道德目的之效用，便是所谓的不正当，便是所谓的道德恶。

可见，正当不正当或道德善恶，正如石里克所说，从属于善恶，二者是种与属、个别与一般的关系："道德上的善只是更一般的善的特殊情形。"① 二者的区别，表现为两方面。一方面，它们的善恶客体根本不同。善恶的客体是一切客体、一切事物。反之，道德善恶的客体则仅仅是一种特殊的客体：每个人的行为及其所表现的品德。另一方面，它们的主体根本不同。善恶的主体是任何主体，是任何主体的任何需要、欲望、目的，说到底，是任何目的。反之，道德善恶的主体则是一种特殊的主体"社会"，是社会创造道德的需要、欲望、目的，说到底，是道德目的。石里克亦曾这样写道："善这个词，当它（1）指称人的决定，并且（2）表达社会对这个决定的某种赞许时，才具有道德的意义。"②

依据这两方面的区别，便可以如弗兰克纳所说——将"道德善恶"从"善恶"分离出来，从而使善恶分为道德善恶与非道德善恶两大类型。③ 所谓道德善恶，亦即正当不正当，乃是行为对于社会创造道德的需

---

① 石里克：《伦理学问题》，张国珍等译，商务印书馆，1997年版，第22、29、79页。
② 石里克：《伦理学问题》，张国珍等译，商务印书馆，1997年版，第22、29、79页。
③ William K.Frankena: Ethics, Prentice-Hall, Inc., Englewood Cliffs New Jersey, 1973, p.62.

要、欲望、目的的效用性，是行为对于道德目的的效用性：相符即为道德善或正当，相违即为道德恶或不正当。反之，非道德善恶，则是一切事物对于其他（亦即社会创造道德的需要、欲望、目的之外）需要、欲望，目的的效用性，主要是一切事物对于个人目的之效用性：相符即为非道德善、相违即为非道德恶。这样，道德善恶与非道德善恶便既可能一致，也可能不一致。举例说：

"为己利他"能够满足我的欲望、实现我的目的，因而对我来说，是一种善，亦即"非道德善"。同时，"为己利他"又有利于社会的存在和发展，符合道德目的，因此又是正当的，又是一种"道德善"。偷盗成功符合盗贼目的，是一种非道德善；同时却有害于社会的存在和发展，违背道德目的，因而是一种道德恶，是不正当的。自我牺牲有利于社会的存在和发展，符合道德目的，是一种道德善，是正当的。同时却有害于自我牺牲者，牺牲了他的求生欲，因而是一种非道德恶。

由此可见，依据某些欲望——如偷盗——及其满足是恶的，从而否定善是欲望的满足的定义，说到底，在于错误地把"善"与"道德善"完全等同起来。如果善与道德善是同一概念，那么，很多欲望——如偷盗、抢劫、妒忌、造谣中伤等——及其满足，便都因其有害于社会和他人、违背道德目的而完全是恶，而绝不会是善。照此说来，把"善"定义为"欲望的满足"无疑犯有定义过宽的错误。

如果我们把"道德善"与"善"区别开来，那么，偷盗等便仅仅是一种道德恶，而不是非道德的恶：对于偷盗者来说，偷盗的愿望得到满足显然是好事，是善，是一种非道德善。所以，偷盗等愿望的满足固然是恶，却不是完全的恶，而是道德恶，非道德善。于是，只有把"道德善定义为欲望的满足"才是错误的，而"可欲之谓善"乃是放之四海而皆准、行之万世而不悖之真理。

正当或道德善的分析表明，究竟什么行为和品德是正当的或道德善，是个十分复杂的问题：直接来说，它取决于该行为和品德对于道德目的的效用；最终来说，则一方面取决于行为和品德的本性究竟是什么，另一方面取决于道德目的究竟是什么。古今中外，人们对于"究竟什么行为和品德是正当的"一直争论不休，说到底，只是因为他们对于"道德目的""行为本性"和"行为对道德目的的效用"一直争论不休。

为什么直至今日，有些人仍然与罗斯一样，认为"正当"与"道德善"不同？[1] 为什么在他们看来，"为己利他"是正当的，却不是道德善，而只有"无私利他"才是道德善？因为他们是道德目的自律论者，误以为道德目的就在道德自身，就是为了完善每个人的品德。这样，一方面，只有"无私利他"才因其是品德的完善境界而符合道德目的，才是道德善；另一方面，"为己利他"则不是品德的完善境界，因而不符合道德目的，而只符合法律目的，所以便只是正当合法的而不是道德善。

这种观点是错误的。因为规范伦理的研究将告诉我们，道德目的并不是自律的，而是他律的，并不是为了完善每个人的品德，而是为了保障社会存在发展、增进每个人利益。准此观之，则不论利他还是利己，只要不损人，便都不但是正当的，而且因其符合道德目的而都是道德善：正当与道德善是同一概念。因此，要确定正当或道德善的行为，究竟是什么行为，从而使之成为可以指导具体行为的道德原则，必须从"道德善恶是行为及其品德对于道德目的的效用性"的元伦理定义出发，开展"道德目的"和"行为本性"以及"行为对道德目的的效用"三个方面的研究。然而对于这些问题的研究已超出元伦理学而进入规范伦理学领域了。

3. 正当与应该：道德应该的可普遍化性

学者们往往把"应该"或"应当"与"正当"等同起来。波特

---

[1] C.E.M.Joad: Classics In Philosophy And Ethics, London Kennikat Press, 1960, p.200.

（Burton F.Porter）说："凡是正当的，都是应当的；反之，凡是应当的，都是正当的。"① 艾温竟然也说："正当的行为与应当的行为是同义的。"② 照此说来，"凶手作案不留指纹是应当的"也就全等于"凶手作案不留指纹是正当的"。这说得通吗？

不难看出，应当或应该的外延比正当广阔得多。麦凯将"应当"分为"道德应当"与"知识应当"两类："我们必须说明的，不仅有道德的、谨慎的、假言命令的应该，而且还有诸如'这个戏法应该这样变'，'他们现在应该穿越国境'和'它应该溶解了，可奇怪的是为什么还没有'等。也许可以称这些应该为'知识的应该'。"③

然而，按照分类的逻辑规则，与其称为"知识应该"，不如称为"非道德应该"。这样，"应该"便分为"道德应该"与"非道德应该"两大类型。所谓道德应该与道德不应该，亦即正当与不正当，亦即道德善恶，是行为对于社会创造道德的需要、欲望、目的的效用性，说到底，也就是行为对于道德目的的效用性：相符即为道德应该，即为正当，即为道德善；相违即为道德不应该，即为不正当，即为道德恶。举例说：

凶手作案不论如何符合自己的目的，却都有害于社会存在发展，违背道德目的，因而都是道德的不应该，都是不正当，都是道德恶。反之，自我牺牲不论如何有害于自我保存之目的，却都有利于社会的存在和发展，符合道德目的，因而都是道德的应该，都是道德善，都是正当。

但是，"非道德应该不应该"与"非道德善恶"不同。善恶是一切事物的效用性，所以，"非道德善恶"是一切事物对于道德目的之外的目的的效用性，是一切事物对于非道德目的之目的——如个人目的——的效

---

① Burton F.Porter: The Good Life:Alternatives in Ethics, Macmillan Publishing Co Inc., New York, 1980, p.33.
② A.C.Ewing: The Definition of Good, Hyperion Press, Inc., Westport, 1979, p.123.
③ J.L.Mackie: Ethics :Inventing Right and Wrong, Singapore Richrd Clay Pte Ltd., 1977, p.73.

用性。反之，应当仅仅是行为的效用性。所以，"非道德应该"便仅仅是行为对于道德目的之外的目的的效用性，是行为对于非道德目的之目的——如个人目的——的效用性：相符即为非道德、应该，相违即为非道德、不应该。

例如，凶手杀人不留指纹，符合凶手逃逸的目的，因而对于凶手来说，是应该的。反之，留下指纹则不符合凶手逃逸的目的，因而对于凶手来说，是不应该的。这些都是"非道德应该不应该"，因为它们符合还是不符合的目的，都是凶手的个人目的，而不是道德目的。

可见，道德应该与非道德应该都是行为的效用性，二者的区别仅仅在于前者是行为对于道德目的之效用性，后者是行为对于非道德目的之目的——如个人目的——的效用性。因此，一方面，道德应该与非道德应该便既可能是一致的，也可能是不一致的。举例说，"为己利他"既符合我的利己目的，因而是非道德应该；又有利于社会存在发展，符合道德目的，因而又是道德应该。反之，不一致者如："自我牺牲"违背自己的自我保存目的，因而是非道德不应该；同时却有利于社会和他人，符合道德目的，因而是道德应该。同理，凶手杀人不留指纹，符合凶手逃逸目的，是非道德应该；同时却有害社会存在发展，违背道德目的，因而是道德不应该。

另一方面，道德应该具有"可普遍化性"（universalizability），非道德应该则不具有"可普遍化性"。道德应该的"可普遍化性"概念，如所周知，源于康德而确立于黑尔。黑尔认为，道德应该具有两个特性："第二个特性通常被叫作可普遍化性。可普遍化性的意思是，一个人说'我应该'，他就使他自己同意，处于他的环境下，任何人都同样应该。"①

道德应该为什么具有可普遍化性？显然只是因为，道德最终目的是

---

① R.M.Hare: Essays in Ethical Theory, Clarendon Press Oxford, 1989, p.179.

普遍的、一般的、任何社会都一样的：都是为了保障社会存在发展和增进每个人利益。反之，个人目的却是千差万别的。这样，非道德应该便因其是行为对于千差万别的个人目的的效用，而不具有可普遍化性：它是张三的应该，却不是李四的应该。反之，道德应该则因其是行为对于任何社会都一样的道德最终目的的效用，而具有可普遍化性：它是每个人的应该。

综上可知，"应该"比"正当"广泛，从而成为"善"与"正当"之中介：善是客体一切事物对于主体目的之效用；应当与正当则都仅仅是行为对于主体目的之效用——应当是行为善，是行为对于一切目的之效用；正当是行为的道德善，是行为对于道德目的之效用。这样，正当、应当、善便都是客体对主体需要的某种效用，因而都属于价值范畴。那么，正当、应当、善、价值究竟从何而来？它们的根源究竟是什么？说到底，如何回答"休谟难题"：能否从"事实"或"是"推导出"应该"？因此，对于价值、善、应当、正当诸范畴的分析，势必导致对"是"或"事实"的研究："是"与"事实"是元伦理范畴系统的终结范畴。

三、事实与是

1. 事实：广义事实概念

一切事物，据其存在性质，无疑可以分为两类："事实"与"非事实"。所谓事实，不言而喻，就是"在思想认识之外实际存在的事物"，是"不依赖思想认识而实际存在的事物"；非事实则是"仅仅存在于思想之中而在思想之外并不存在的事物"，是"实际上不存在而只存在于思想中的事物"。例如，一个人得了癌症，不论他怎样想，是承认还是不承认，他都一样患了癌症。所以，他患癌症，是事实。反之，如果在他思想中，他否认患了癌症，他认为他根本没有得什么癌症。那么，他

未患癌症,便是所谓的"非事实"。因此,罗素在界说事实概念时便这样写道:

"我所说的'事实'的意义就是某件存在的事物,不管有没有人认为它存在还是不存在。"①"事实本身是客观的,独立于我们对它的思想或意见的。"②

准此观之,价值无疑属于事实范畴。因为价值显然是"不依赖思想认识而实际存在的东西"。试想,鸡蛋的营养价值岂不是"不依赖我们怎样思想它而实际存在"的吗?不管你认为鸡蛋有没有营养价值,鸡蛋都同样具有营养价值。鸡蛋有没有营养价值"不依赖思想认识而存在",因而是一种事实,可以称为"价值事实"。

但是,这种外延包括"价值"的"事实"概念乃是"广义事实"概念:它只适用于认识论等非价值科学,而不适用于伦理学等一切价值科学。因为伦理学等一切价值科学的根本问题,无疑是"应该"或"价值"产生和存在的来源、依据问题,无疑是"'应该''价值''应该如何'"与"'是''事实''事实如何'"的关系问题,说到底,亦即著名的休谟难题:"能否从'是''事实''事实如何'推导出'价值''应该''应该如何'?"

这一难题的存在,或者当你试图解析这一难题从而证明"价值能否从事实推出"的时候,显然就已经蕴含着,价值不是事实,事实不包括价值:事实与价值是外延毫不相干的对立概念。否则,如果事实是"不依赖思想认识而实际存在的东西",从而事实之中包含价值,那么,"从事实中推导出价值"与"从事实中推导出事实"就是一回事,因而也就不可能存在"从事实中能否推导出价值"的难题了。

这就是为什么,自休谟难题问世以来,价值与事实属于外延毫不相干的两大对立领域已经近乎共识。这就是为什么,罗素一方面在《人类

---

① 罗素:《人类的知识》,商务印书馆,1983年版,第177页。
② 罗素:《我们关于外间世界的知识》,上海译文出版社,1990年版,第40页。

的知识》和《我们关于外间世界的知识》中,将"事实"定义为"不依赖思想认识而实际存在的事物"——因而"价值"属于"事实"范畴——另一方面却又在《宗教与科学》中,自相矛盾地否认价值是事实:"当我们断言这个或那个具有'价值'时,我们是在表达我们自己的感情,而不是在表达一个即使我们个人的感情各不相同但仍然是可靠的事实。"[1]

罗素并非自相矛盾。因为当罗素在《人类的知识》和《我们关于外间世界的知识》中,断言事实是"不依赖思想认识而实际存在的事物"——因而包括价值——的时候,他说的是认识论等非价值科学的事实概念,亦即"广义事实"概念;而当他在《宗教与科学》中,断言价值不是事实——事实不包括价值——的时候,他说的是价值科学中的事实概念,亦即"狭义事实"概念。

这种不包括价值的"狭义事实"概念,之所以是伦理学等价值科学的事实概念,源于"价值能否从事实中推导出来"的休谟难题之为价值科学的根本问题。因此,事实概念的广义与狭义之分,主要缘于是否包括价值。认识论等非价值科学的、包括价值的"广义事实"概念,是"不依赖思想认识而实际存在的事物"。那么,伦理学等价值科学中的不包括价值的"狭义事实"概念究竟是什么?

2. 是:狭义事实概念

原来,广义的事实——不依赖思想意识而实际存在的事物——可以分为主体性事实与客体性事实:主体性事实就是不依赖思想而实际存在的"自主活动者"及其属性,客体性事实则是不依赖思想而实际存在的"活动对象"及其属性。举例说,一个雕刻家正在雕刻鹰。这个雕刻家便是自主活动者,因而这个雕刻家及其需要、欲望、目的等便是主体性事实。他所雕刻的鹰,则是他雕刻活动的对象,因而这个鹰及其大小、质

---

[1] 罗素:《宗教与科学》,商务印书馆,1982年版,第123页。

料、颜色等便是客体性事实。

问题的关键在于，客体性事实依据其是否依赖主体的需要、欲望和目的之性质，又进而分为"价值事实"与"非价值事实"。"价值事实"就是"价值"这种类型的事实，也就是"价值"，也就是客体中所存在的对主体的需要、欲望和目的具有效用的属性，也就是客体对主体需要、欲望和目的的效用性，因而是客体的依赖主体的需要、欲望和目的而存在的东西。可是，为什么"价值"可以叫作"价值事实"呢？因为价值虽然依赖主体的需要、欲望和目的而存在，却是不依赖思想意识而实际存在的东西：价值是一种事实。"价值事实"属于广义事实——不依赖思想认识而实际存在的事物——范畴，适用于认识论等非价值科学。

相反地，"非价值事实"则不但不依赖思想意识而实际存在，而且不依赖主体的需要、欲望和目的而独立存在，是客体的不依赖主体的需要、欲望和目的而实际存在的东西，也就是客体中实际存在的非价值属性，也就是价值之外的客体性事实，就是客体的不包括"价值"而与"价值"是对立关系的"事实"。这就是伦理学等一切价值科学的"事实"概念，亦即"狭义事实"概念：事实是客体不依赖主体的需要、欲望和目的而实际存在的东西。因为伦理学等一切价值科学的根本问题——能否从"事实"推导出"价值"——意味着价值不是事实，事实不包括价值：事实与价值是外延毫不相干的对立概念关系。

这样一来，便在与"非事实"对立的"广义事实"概念的基础上，因价值科学的根本问题——能否从"事实"推导出"价值"——而形成了与"价值"对立的"狭义事实"概念：广义的事实是"不依赖思想而实际存在的事物"，包括价值，适用于认识论等非价值科学；狭义的事实是"不依赖主体的需要、欲望和目的而实际存在的事物"，不包括价值，适用于伦理学等一切价值科学。举例说：

猪肉有营养，是不是事实？当然是事实，因为猪肉有没有营养是

"不依赖我们怎样思想而实际存在的"。只不过,"猪肉的营养"是一种价值,可以称为"价值事实";其为事实,虽然不依赖思想而实际存在,却依赖于人的需要而存在,是猪肉对人的需要的效用,因而属于"广义事实"概念,适用于认识论等非价值科学。反之,"猪肉有重量",也是事实,但不是猪肉对人的需要的效用,不是价值,不是价值事实;而是非价值事实,是价值之外的事实,不但不依赖思想而实际存在,而且"不依赖主体需要而实际存在",因而属于"狭义事实"概念,适用于伦理学等一切价值科学。

可见,价值科学的根本问题——能否从"事实"推导出"价值"——决定了:价值科学中的"事实"概念,乃是不包括"价值"而与"价值"相对立的狭义的事实,说到底,是"客体的不依赖主体的需要、欲望、目的而独立存在的事物"。反之,"价值"则是客体对主体需要、欲望和目的的效用,是"客体依赖主体的需要、欲望、目的而存在的属性",因主体的需要、欲望、目的之变化而变化,因主体的需要、欲望、目的之有无而有无——"情人眼里出西施"——因而不是事实。

这种不包括"价值"而与"价值"相对立的狭义的事实概念,不但是价值科学的事实概念,而且是物理学等自然科学的事实概念。爱因斯坦曾一再说,自然科学只研究事实而不研究应该:"科学只能断言'是什么',而不能断言'应该是什么'。可是在它的范围之外,一切种类的价值判断仍是必要的。"[①]"科学的思维方式还有另一个特征。它为建立它的贯彻一致的体系所用到的概念是不表达什么感情的。对于科学家,只有'存在',而没有什么愿望,没有什么价值,没有善,没有恶,也没有什么目标。只要我们逗留在科学本身的领域里,我们就决不会碰到像'你不可说谎'这样一类的句子……关于事实和关系的科学陈述,固然不能

---

① 《爱因斯坦文集》第3卷,商务印书馆,1976年版,第182页。

产生伦理的准则，但是逻辑思维和经验知识却能够使伦理准则合乎理性，并且联贯一致。"①

可见，在爱因斯坦看来，自然科学只研究"事实""是什么"，而不研究"价值""应该是什么"。这岂不意味着自然科学的"事实"概念是不包括"价值"而与"价值"相对立的狭义的事实概念？因此，休谟难题"能否从'事实'推导出'价值'"，将"事实"当作不包括"价值"而与"价值"相对立的概念，不但根据"这种事实"与"价值"之根本不同——前者不依赖而后者不依赖主体欲望——而且继承了自然科学中的事实概念。

这样一来，休谟难题中的狭义事实概念不但与自然科学中的事实概念完全一致，而且这一难题的答案将决定伦理学等价值科学能否成为真正科学，亦即像自然科学那样的科学。因为自然科学的对象就是这种不包括"价值"而与"价值"相对立的狭义的事实，而伦理学对象却是应该、价值。因此，"价值"能否从"事实"推导出来，就是伦理学等价值科学能否成为真正科学的关键：如果价值能够从事实推导出来，那么，伦理学对象虽然是应该、价值，但是，说到底，却是事实，因而伦理学就与自然科学一样，是一门真正的科学。如果价值不能够从事实推导出来，那么，伦理学就仅仅研究应该、价值，而并不研究事实，因而伦理学就不是真正的科学。

因此，休谟难题——价值能否从事实推导出来——意义极其巨大，实乃伦理学等一切价值科学的最重要最具决定性的根本的问题。因此，赫德森（W.D.Hudson）说："道德哲学的中心问题，乃是那著名的是－应该问题。"② 这一意义如此巨大的难题，既然使伦理学等一切价值科学中

---

① 《爱因斯坦文集》第 3 卷，商务印书馆，1976 年版，第 280 页。
② W.D.Hudson: The Is — Ought Question:A Collection of Papers on the Central Problem in Moral Philosophy, ST.Martin's Press New York, 1969, p.11.

的"事实"概念，与自然科学中的"事实"概念一样，乃是不包括"价值"而与"价值"相对立的狭义的事实概念，那么，在伦理学等一切价值科学中，便与在自然科学中一样，所谓"价值事实"概念，就如同"圆的方"一样，是个荒谬的、矛盾的、不能成立的概念。

但是，"价值事实"在认识论等非价值科学中，却是个科学的概念。因为，在一些非价值科学——如认识论——中，所谓"事实"是广义的，是指不依赖思想认识而实际存在的事物。而价值的存在，无疑只依赖主体的需要、欲望、目的，却不依赖主体的思想认识：鸡蛋有没有营养价值是仅仅依赖人的需要而不依赖人的思想的。所以，在一些非价值科学中，价值属于事实范畴，因而"价值事实"概念是科学的：价值事实与非价值事实是划分事实概念的两大类型。因此，我国一些学者在伦理学等价值科学领域大谈"价值事实"概念是很错误的：他们混淆了"事实"概念在价值科学和一些非价值科学中的不同含义。

在伦理学等一切价值科学中，这种不包括价值而与价值对立的狭义的事实，正如休谟所发现，往往通过以"是"或"不是"为系词的判断（"是什么"和"不是什么"）反映出来；而以"应该"或"不应该"为系词的判断（"应该是什么"和"不应该是什么"）所反映的则是价值。[①]所以，在伦理学等一切价值科学中，一方面，"事实"与"是"被当作同一概念来使用，因而所谓"是"也就是不包括价值而与价值对立的事实，就是不依赖主体的需要、欲望、目的而独立存在的事物。另一方面，只有与"应该"相对而言的事实才叫作"是"，而与"价值"相对而言的事实大都叫作事实，因而在伦理学等价值科学中便出现两个对子："事实与价值""是与应该"。

这样一来，在伦理学等一切价值科学中，一切事物便分为两类：客

---

① 休谟：《人性论》下册，商务印书馆，1983年版，第509页。

体与主体。客体又进而分为两类：价值与事实。于是，一切事物实际上便分为三类：价值、事实和主体。价值是客体对于主体的需要、欲望、目的的效用性，是客体依赖主体的需要、欲望、目的而存在的事物。"事实"亦即"是"，也就是价值的对立物，就是客体不依赖主体的需要、欲望、目的而独立存在的事物。主体及其需要、欲望和目的等则是客体的对立物——主体与客体是构成一切事物的两大对立面——因而既不是价值也不是事实，而是划分"客体"为"价值"与"事实"的依据，是联结价值与事实的中介物。如图：

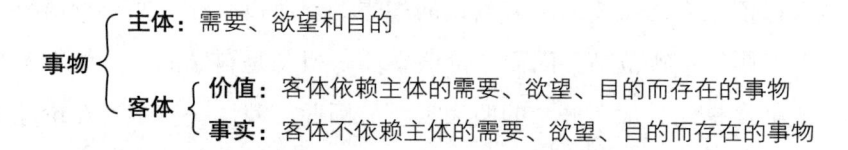

事物 { 主体：需要、欲望和目的
　　　客体 { 价值：客体依赖主体的需要、欲望、目的而存在的事物
　　　　　　 事实：客体不依赖主体的需要、欲望、目的而存在的事物

3. 结论：两种事实概念

综上可知，一切事物，依据其存在性质，可以分为两类：事实与非事实。但是，存在着两种事实：广义事实与狭义事实。广义事实概念适用于认识论等一些非价值科学；它是一切在思想认识之外实际存在的事物，是一切不依赖思想认识而实际存在的事物，因而包括"价值"：价值是不依赖思想而实际存在的事物，可以称为"价值事实"。狭义的事实也可以称为"是"，不包括价值而与价值是外延毫不相干的对立概念关系："是"或"狭义事实"是客体不依赖主体需要、欲望和目的而独立存在的事物；价值则是客体对主体需要、欲望和目的的效用，依赖主体需要、欲望和目的而存在。狭义的事实概念主要因伦理学等价值科学的根本问题——能否从"事实"推导出"价值"——而诞生，说到底，则是因自然科学的事实概念而诞生，适用于伦理学等一切价值科学和自然科学。如图：

```
         ┌ 事实（亦即广义事实：不    ┌ 主体 ┌ 价值（客体依赖主体需要、欲
         │ 依赖思想而实际存在的事物）│      │ 望、目的而存在的事物）
事物 ─┤                              ┤ 客体 ┤
         │ 非事实（实际上不存在而    │      │ 事实（亦即狭义事实：客体不
         └ 只存在于思想中的事物）    └      │ 依赖主体需要、欲望、目的而独
                                            └ 立存在的事物）
```

现在，我们完成了对于元伦理范畴或伦理学初始概念——"价值""善""应该""正当"以及"是"或"事实"——的分析。当我们将这些概念联系起来，进一步探寻它们——特别是"应该"与"事实"的关系——的普遍本性时，不难发现这些初始概念所蕴含的初始命题及其初始推演规则。这些伦理学的初始命题及其初始推演规则可以归结为两大系列公理和公设，亦即"伦理学的存在公理和公设"与"伦理学的推导公理和公设"。

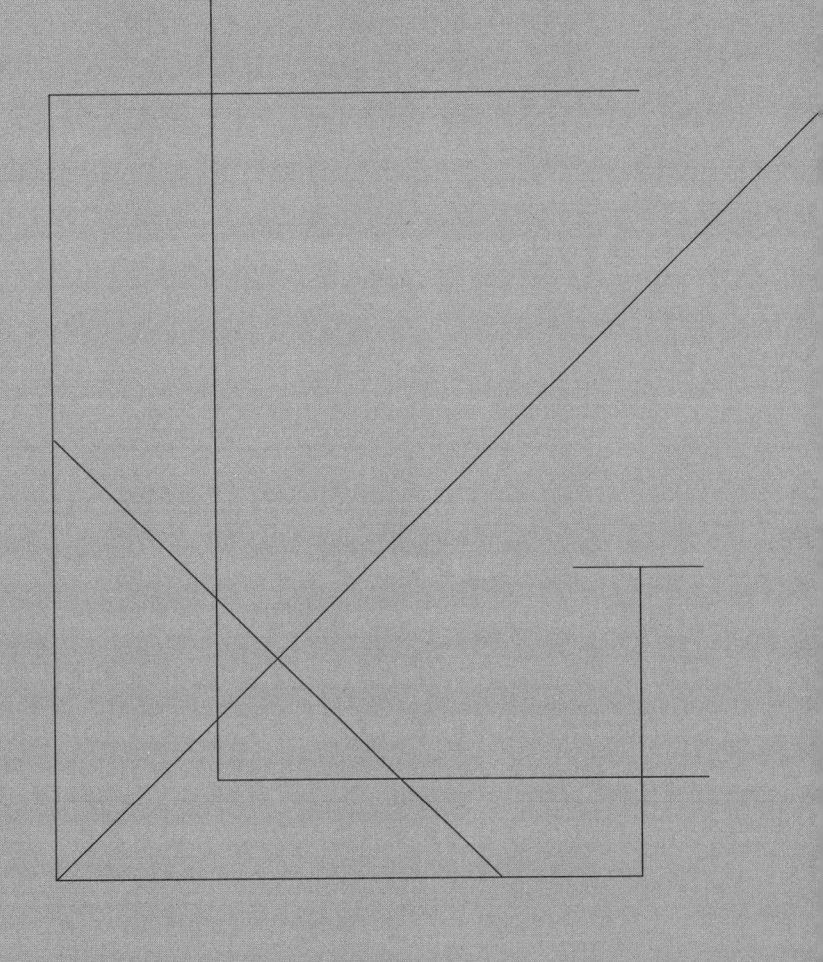

下篇
元伦理学证明体系

第四章
元伦理证明：伦理学的价值存在公理和道德价值存在公设

本章提要

"价值、善、应该如何"是客体依赖主体需要而具有的属性，是客体的"是、事实、事实如何"与主体的需要、欲望、目的发生关系时所产生的属性，是客体的"是、事实、事实如何"对主体的需要、欲望和目的之效用，是客体的关系属性，是客体的"第三性质"（伦理学的价值存在本质公理）。因此，"应该""善""价值"由客体事实属性与主体需要、欲望、目的构成：客体事实属性是"应该""善""价值"产生的源泉和存在的载体、本体、实体，叫作"价值实体"；主体需要、欲望和目的则是"应该""善""价值"从客体事实属性中产生和存在的条件，是衡量客体事实属性的价值或善之有无、大小、正负的标准，叫作"价值标准"——目的是"实在价值标准"；非目的需要和欲望是"潜在价值标准"（伦理学的价值存在结构公理）。因此，一方面，应该、善、价值被"主体特殊需要"和"客体特殊事实"决定，因各主体需要的不同而不同，是特殊的、相对的和主观随意的；另一方面，应该、善、价值又被"主体普遍需要"和"客体普遍事实"决定，对任何主体都因其有相同的需要而同样是善的、应该的、有价值的，因而是普遍的、绝对的和客观的而不以人的意志为转移（伦理学的价值存在性质公理）。这三个命题集及其结合——伦理学的价值存在公理——叫作伦理学公理，因其是破解休谟难题——能否从"事实如何"推导出"应该如何"——的理论前提，最终可以推演出伦理学的全部命题。

一、伦理学的价值存在本质公理和道德价值存在本质公设

正当、应该、善、价值等元伦理概念的最为基本的内涵是：它们是否实际存在？乍一看来，这个问题似乎很荒唐，难道它们会是实际不存在的乌有之物？是的，李凯尔特就这样写道："关于价值，我们不能说它们实际存在着或不存在着，而只能说它们是有意义的，还是无意义的。"[①]李凯尔特此见能否成立？正当、应该、善、价值实际上是否存在？这就是正当、应该、善、价值的存在本质问题，质言之，亦即价值与道德价值的存在本质。

1. 价值的存在本质：客体的属性

正当、应该、善，如前所述，都属于价值范畴，都是客体的事实属性对于主体的需要、欲望、目的的效用性，因而都属于"属性"范畴。然而，人们大都以为价值、正当、应该、善等是一种主体客体关系，属于"关系"范畴，而不属于"属性"范畴。这是很荒唐的。因为如所周知，自亚里士多德以来，一切事物被划分为两类：实体和属性。何谓实体？亚里士多德说："实体，在最严格、最原始、最根本的意义上说，是既不能述说一个主体，也不存在一个主体之中，如'个别的人''个别的马'。而人们所说的第二实体，是指作为属而包含第一实体的东西，就像种包含属一样，如某个具体的人被包含在'人'这个属之中，而'人'这个属又被包含在'动物'这个种之中。所以，这些是第二实体，如'人''动物'。"[②]

这就是说，所谓实体，也就是能够独立存在的东西，因而也就是一

[①] 李凯尔特：《文化科学与自然科学》，商务印书馆，1986年版，第17页。
[②] 《亚里士多德全集》第一卷，中国人民大学出版社，1990年版，第6页。

切独一无二的、单一的、个别的、感官能够感到的事物以及这些事物的总和，亦即单一事物及其"属"或"种"：单一事物是第一实体，单一事物的属或种则是第二实体。反之，所谓属性，则是依赖的、从属的而不能够独立存在的东西，也就是不能够独立存在而从属于、依赖于实体的东西，也就是实体之外的一切东西，如马和人的各种颜色、感情、心理活动等。这样，属性和实体便是极为广泛的概念：一切事物不是实体就是属性，概莫能外。所以，朱光潜说："一个概念不属于'本体'范畴，就得属于'属性'范畴。"① 因此，那种认为价值不属于"属性"范畴而属于"关系"范畴的观点是很荒唐的。因为即使价值是一种主客体"关系"，那么，一切"关系"显然都是不能独立存在的，都是从属于某些实体的东西，因而都属于"属性"范畴。如果说价值不是属性，那么它就只能是实体：说价值是实体，岂不荒唐？

正当、应该、善与价值一样，都属于属性范畴。那么，它们究竟是客体的属性还是主体的属性？"正当、应该、善、价值都是客体的事实属性对于主体需要的效用性"的定义，岂不已经说得明明白白：正当、应当、善、价值都是客体的效用属性？确实，只有客体才具有价值，而主体是不具有价值的：价值是客体属性而不是主体属性。试想，当人吃面包的时候，人是主体，面包是客体。那么，在这种主客体关系中，具有营养价值的究竟是客体面包还是主体人？显然是面包而不是人：营养价值是面包的属性而不是人的属性。恐怕只有疯子才会说人——而不是面包——具有营养价值。所以，安德森（R.M.Anderson）说："价值并不存在于主体中，而是存在于客体之中。"② 邦德（E.J.Bond）也这样写道：

---

① 《朱光潜文集》第三卷，上海文艺出版社，1983年版，第67页。
② Ralph Barton Perry: General Theory of Value its meaning And Basic Principles Construed In Terms Of Interest, Longmans,Green And Company 55 Fifth Avenue,New York, 1926, p.70.

"价值存在于客体自身，而并不在客体使我快乐的情感之中。"①

但是，我国一些学者，如赖金良先生，却认为不但客体具有价值，而且主体也具有价值："如果人作为价值主体没有价值，他又如何能够衡量和判定作为价值客体的物有无价值呢？"② 确实，一切东西都具有价值，因此，作为主体的存在物，如贾宝玉、林黛玉等，都具有价值。但是，当我们说这些作为主体的人也具有价值时，这些作为主体的人便不再是主体而是客体了。举例说，当贾宝玉追求林黛玉时，贾宝玉是主体，林黛玉是客体。对于贾宝玉来说，林黛玉具有莫大的价值：价值是客体所具有的属性。那么，作为主体的贾宝玉有没有价值呢？

当然有。然而，当我们说作为主体的贾宝玉也具有价值时，显然或者是对于林黛玉等人来说的，或者是对于他自己的某种需要来说的：二者必居其一。如果贾宝玉有价值是对于林黛玉来说的，那么，作为主体的贾宝玉便不再是主体而是林黛玉的客体了：贾宝玉是林黛玉所追求的对象。如果贾宝玉有价值是对于贾宝玉自己的某种需要——如吟诗作赋的需要——来说的，那么，贾宝玉便既是主体又是客体：拥有这种需要的贾宝玉是主体，能够满足这种需要因而有价值的贾宝玉则是客体。可见，价值只能是客体的属性，而不可能是主体的属性。当我们说作为主体的存在物也具有价值时，这些存在物便不再是主体而是客体了。

如果说价值是客体的属性，那么，根据逻辑学的"遍有遍无"演绎公理，应该、正当、善等一切从属于价值范畴的下位概念，无疑也通通只能是客体的属性了。然而，有些学者却由"应该只是行为的属性，只是有意识、有目的的活动的属性"的正确前提，而得出结论说，应该是主体的属性而不是客体的属性。只有主体才有所谓应该如何，而客体则无所谓应该如何：

---

① E.J.Bond:Reason and Value, Cambridge University Press, 1983, p.63.
② 王玉梁主编：《中日价值哲学新论》，陕西人民教育出版社，1994年版，第47页。

"应当是一种纯然的主体活动。"[①] "'应当'是主体之应当,而不是客体之应当。严格地讲,客体本身没有应当不应当的问题,它永远按照客观规律运动、变化和发展,只存在'是'或'将是'的问题。"[②]

照此来说,应该便不但不属于善和价值范畴,而且恰恰与善或价值相反:应该是主体的属性,价值和善是客体的属性。这样一来,应该如何的判断也就不是价值判断了。错在哪里?原来,有意识、有目的的活动或行为固然只能是主体的活动或行为,但主体的一切活动或行为都具有主客二重性:它是主体的活动,是主体的属性,属于主体范畴;同时又是主体的活动对象,属于客体范畴,是客体的属性。因为主体在进行某种行为之前后,都可能对该行为进行认识和评价:如果该行为能够达到目的从而是应该的,主体便会从事和坚持该行为。否则,便会放弃该行为。这样,主体的行为与该主体便有双重关系:一方面,它是该主体的行为,属于主体范畴;另一方面,它又是该主体的认识和评价的对象,是该主体应该还是不应该进行的行为,属于客体范畴。举例说:

我是自主活动者,是主体,我的冬泳行为无疑是一种主体活动,属于主体属性。但是,我冬泳前后,都可能对我的冬泳行为进行认识和评价:我应该还是不应该冬泳。这样,我的冬泳行为,便成了我的认识和评价的对象,便是客体,属于客体范畴。当我确认冬泳符合我健康长寿的目的,因而应该冬泳之后,我便进行和坚持冬泳。所以,"我冬泳"和"我应该冬泳"根本不同:"我冬泳"是主体的活动、属性,属于主体范畴;"我应该冬泳"则是主体的认识和评价的活动对象,是主体的认识和评价活动的对象的属性,属于客体范畴。

可见,以为"应该"是"主体的活动和属性"的错误,就在于将"行为"("我冬泳")与"行为的应该不应该属性"("我应该冬泳")等同

[①] 陈华兴:《应当:真理性和目的性的统一》,《哲学研究》1993年第8期。
[②] 袁贵仁:《价值学引论》,北京师范大学出版社,1991年版,第395页。

起来，因而由"行为是主体活动和属性"进而断言："行为的应该不应该"是主体的活动和属性。殊不知，虽然行为是主体的活动，属于主体属性；但是，主体的行为也可以是主体的评价对象而成为客体：行为符合主体目的之效用性就是应该，不符合主体目的之效用性就是不应该。因此，行为应该不应该的属性，乃是行为作为客体对于主体目的的效用性。这样一来，"行为"虽然是主体的活动而属于主体范畴，但是"行为的应该不应该属性"却是行为作为客体而是否符合主体目的之效用性，因而属于客体范畴。

2. 价值的存在本质：客体的关系属性和第三性质

应当、善和价值都是客体的属性。那么，它们究竟如同形体大小、质量多少一样，是客体的"第一性质"，还是如同重量、颜色一样，是客体的"第二性质"？或者说，它们究竟是客体的不依赖主体而独自存在的"固有属性"，还是客体的依赖主体而存在的"关系属性"？应当、善和价值之存在本质的进一步确证的关键，乃是对于"属性"（property）的类型的研究。所以，图尔闵（Stephen Edelston Toulmin）的元伦理学确证理论名著《推理在伦理学中的地位》一开篇便是："三种属性"（Three Types of Property）。然而，对于应当、善、价值的存在本质的确证来说，他沿袭摩尔的传统而把属性分为单纯性质与复合性质，是不科学的。[1] 因为应当、善、价值的存在本质，与单纯还是复合性质无关；它们的存在本质，正如布劳德（C.D.Broad）所说，乃在于它们是客体的"关系属性"还是"纯粹属性"。[2] 更确切些说，它们究竟是客体的关系属性还是固有属性？

所谓固有属性，便是事物独自具有的属性。一事物无论是自身独处，还是与他物发生关系，该物都同样具有固有属性。因为这种属性，正如

---

[1] Stephen Edelston Toulmin: The Place of Reation in Ethics, The University of Chicago Press, 1986, pp.10~18.

[2] C.D.Broad:《近代五大家伦理学》，商务印书馆，民国二十一年版，第215页。

马克思所说:"不是由该物同他物的关系产生,而只是在这种关系中表现出来。"① 反之,关系属性则是事物固有属性与他物发生关系时所产生的属性。因此,一事物自身不具有关系属性,只有该物与他物发生关系,才具有关系属性。举例说:

质量的多少是物体独自具有的属性。无论就物体自身,还是就其与引力的关系来说,物体都具有一定的质量。所以,质量多少是物体固有属性。反之,重量则是物体的质量与引力发生关系时所产生的属性。物体自身不具有重量,只有当物体与引力发生关系时,物体才具有重量。所以,重量是物体的关系属性。

电磁波长短是物体独自具有的属性。无论就物体自身,还是就物体与眼睛的关系来说,物体都同样具有一定长短的电磁波。所以,电磁波长短是物体固有属性。反之,颜色则是物体的电磁波与眼睛发生关系时所产生的属性。一般来说,波长为760—400dmm 的电磁波,经过人眼中锥状体以及其他生理器官的接受、加工、转换,便生成各种各样的颜色。如波长为590—560dmm 的电磁波,经过人眼的作用生成黄色,而波长为560—500dmm 的电磁波经过人眼的作用则生成绿色。物体自身仅仅具有电磁波而不具有颜色;只有当物体电磁波与眼睛发生关系时物体才有颜色。所以,颜色是物体的关系属性。

与黄、绿等颜色一样,应该、善和价值显然也都是客体的关系属性,而不是客体的固有属性。因为,如上所述,应该、善、价值都是客体对主体需要的效用性,因而也就都是客体的只有与主体发生关系才会存在的属性,而不可能是客体独自具有的属性。那么,它们——颜色与价值或黄与善——的区别何在?善与黄的区别,是揭示善的存在本质的枢纽,因而是元伦理学家——从摩尔到图尔闵——一直争论不休的难题。破解

---

① 马克思:《资本论》第一卷上卷,人民出版社,1975 年版,第 103 页。

这一难题的关键，恐怕是比较三种属性——固有属性和关系属性以及事实属性——之关系。

客体的事实属性与客体的固有属性显然并不是同一概念。因为所谓客体的事实属性，乃是客体的不依赖主体需要而存在的属性；而不依赖主体需要而存在的属性，却可能依赖主体的其他东西，因而便是关系属性，而不是固有属性。颜色、味道、声音都是不依赖主体需要的属性，却仍然依赖主体而存在：颜色依赖主体的眼睛，味道依赖主体的舌头，声音依赖主体的耳朵。所以，颜色、味道、声音都既是客体的事实属性，同时又是客体的关系属性。反之，客体的固有属性必是客体的事实属性。因为固有属性是事物独自具有的属性，客体固有属性便是客体不依赖主体而独自具有的属性。这就是说，客体固有属性，如质量大小和电磁波长短，是不依赖主体的任何东西而独立存在的属性，因而也就是不依赖主体需要而存在的属性，也就都是客体的事实属性。

因此，客体固有属性与客体事实属性是种属关系：客体的一切固有属性都是客体的事实属性；但客体事实属性却既可能是客体的固有属性，也可能是客体的关系属性。更确切些说，客体的事实属性主要是客体的固有属性，如质量大小和电磁波长短等不依赖主体而存在的属性；但也包括客体的关系属性，如颜色、味道、声音等依赖主体而存在的属性。那么，客体的关系属性是否也都是客体的事实属性？否。因为价值是客体的依赖主体而存在的属性，是关系属性，但是，价值不是事实属性。所以，客体的关系属性与客体的事实属性是交叉关系：一方面，客体的有些事实属性，如颜色，是客体的关系属性，有些事实属性，如电磁波长短，则不是关系属性；另一方面，客体的有些关系属性，如颜色，是客体的事实属性，有些关系属性，如价值，则不是事实属性。

这样，"红""黄""颜色"与"应该""善""价值"都是客体的关系属性，而不是客体的固有属性。但是，"红""黄""颜色"是不依主体的需要欲望而转移的关系属性，是客体的事实关系属性。反之，"应该""善""价值"则是依主体的需要欲望而转移的关系属性，是客体的价值关系属性。所以，培里写道："我们现在可以把价值界定为任何兴趣和它的客体之间的一种特殊关系；或者说，它是客体的这样一种特性，这种特性使某种兴趣得到了满足。"①

于是，一切属性便可以经过两次划分而分为三类。第一次是根据一事物所具有的属性是否依赖于该物与他物的关系，将属性分为固有属性和关系属性两类。第二次是依据是否依主体需要而转移的性质而把关系属性再分为两类：价值（亦即价值关系属性）和事实（亦即事实关系属性）。所以，一切属性实际上便分为三类：（1）固有属性或固有的事实属性，如质量大小、电磁波长短；（2）关系的事实属性或事实关系属性，如红、黄等颜色；（3）价值关系属性，如正当、应该、善。如图：

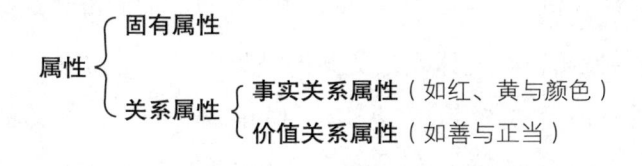

属性 { 固有属性
       关系属性 { 事实关系属性（如红、黄与颜色）
                价值关系属性（如善与正当）

不难看出，这三种属性的客观性和基本性是有所不同而递减的。因为固有的事实属性，如质量大小、电磁波长短等，是一事物完全不依赖他物和主体而存在的东西，是完全客观的和独立的东西，因而我们可以像洛克那样，称为"第一性质"（primary qualities）。事实关系属性，如红、黄等颜色，是客体的固有属性或第一性质与主体的某种客观的器官——如眼睛——发生关系的产物，是在固有属性或第一性质基础上产生同时又依赖主体的某种器官而存在的东西，因而是不能独立存在的

---

① Ralph Barton Perry: General Theory of Value its meaning And Basic Principles Construed In Terms Of Interest, Longmans,Green And Company 55 Fifth Avenue,New York ,1926, p.124.

和不完全客观的东西：它们正如洛克所言，是"第二性质"（secondary qualities）。价值关系属性，如"应该""善"等，是客体的事实属性——第一性质和第二性质——与主体的某种主观的东西，如欲望、愿望、目的等，发生关系的产物，是在第一性质和第二性质基础上产生的，并且依赖主体的某种主观的东西而存在的东西，因而是更加不能独立、更加不基本和更少客观性的东西，我们可以像现代英美哲学家亚历山大（S.Alexander）和桑塔耶那（George Santayana）那样，称为"第三性质"（tertiary qualities）。

因此，善与黄的区别，一方面在于所依属的实体（亦即所由以产生的基础）的不同：善的实体较广，是客体的事实属性，因而既可能是"第一性质"，也可能是"第二性质"；黄的实体较窄，是客体的固有属性，因而只是"第一性质"。因为红、黄等颜色是"客体的不依赖主体的属性（电磁波长短）"与主体发生关系的结果，因而也就是客体的固有属性、"第一性质"与主体发生关系的结果。反之，应该、善等价值则是"客体的不依赖主体需要、欲望、目的的属性"与"主体的需要、欲望、目的"发生关系所产生的属性，因而也就是客体的事实属性（"第一性质"和"第二性质"）与"主体需要、欲望、目的"发生关系所产生的属性，是客体事实属性（"第一性质"和"第二性质"）对于"主体需要、欲望、目的"的效用性。

善与黄的区别，另一方面则在于所依赖的主体的属性不同。因为红、黄等颜色是客体与主体的某种客观的东西（眼睛）发生关系的结果。反之，善、应该等价值则是客体与主体的某种主观的东西（需要、欲望、目的）发生关系的结果。因此，离开主体，二者都不可能存在。但是，颜色却可以离开主体的需要、欲望、目的而存在，因而属于"事实"范畴，是客体的第二性质。反之，应该、善的存在却依赖主体的需要、欲望、目的，因而属于事实的对立范畴"价值"，是客体的第三性质。

3. 结论：价值存在本质公理与道德价值存在本质公设

综观颜色和价值的存在本质之比较，可知"应该""善""价值"与"红""黄""颜色"一样，都是存在于客体之中的客体的关系属性。只不过，"红""黄""颜色"是客体不依赖主体的需要而具有的属性，是客体无论与主体的需要、欲望、目的发生还是不发生关系都具有的属性，因而是客体的事实属性，是客体的事实关系属性，是客体的"第二性质"。反之，"应该""善""价值"则是客体不能离开主体需要而具有的属性，是客体的事实属性与主体的需要、欲望、目的发生关系时所产生的属性，是客体的事实属性对主体的需要、欲望、目的的效用，是客体的价值关系属性，是客体的"第三性质"。这样，颜色与电磁波虽有"第一性质"和"第二性质"之别，却同样属于事实范畴，是构成事实的两部分（颜色是客体的关系事实属性；电磁波是客体的固有事实属性）而与价值相对立。于是，我们可以得出结论说：

"善""价值""应该""应该如何"与"是""事实""事实如何"都是存在于客体之中的客体的属性。只不过，"是""事实""事实如何"是客体不依赖主体需要而具有的属性，是客体无论与主体的需要发生还是不发生关系都具有的属性，是客体的固有属性或事实关系属性，是客体的"第一性质"和"第二性质"。反之，"善""价值""应该""应该如何"则是客体依赖主体需要而具有的属性，是客体的"是""事实""事实如何"与主体的需要、欲望、目的发生关系时所产生的属性，是"是""事实""事实如何"对主体的需要、欲望、目的的效用，是客体的关系属性，亦即客体的价值关系属性，说到底，是客体的"第三性质"。这就是"应该""善""价值"的存在本质，简言之，就是价值的存在本质，就是普遍适用于一切应该、善和价值领域的"伦理学的价值存在本质公理"。举例说：

牡丹花的"形状和颜色"与牡丹花的"美"，都是牡丹花的属性。只不过，牡丹花的"形状和颜色"是牡丹花的"是、事实、事实如何"，是牡丹花不依赖人的需要而具有的属性，是牡丹花无论与人的需要发生还是不发生关系都具有的属性，是牡丹花的固有属性和事实关系属性，是牡丹花体的"第一性质"和"第二性质"。反之，牡丹花的"美"，则是牡丹花依赖人的需要而具有的属性，是牡丹花的"形状和颜色"与人的需要、欲望、目的发生关系时所产生的属性，是牡丹花的"形状和颜色"对人的需要、欲望、目的之效用，是牡丹花的价值关系属性，是牡丹花的"第三性质"。

伦理学的价值存在本质公理所反映的是一切应该、善、价值的普遍的存在本质，适用于一切价值科学，如国家学和中国学等。因此，伦理学的价值存在本质公理也就是一切价值科学的价值存在本质公理，是国家学的价值存在本质公理，是中国学的价值存在本质公理，等等。如果将其推演于道德价值、道德善、道德应该领域，我们便会发现道德应该、道德善和道德价值的存在本质，亦即只对伦理学有效的"伦理学的道德价值存在本质公设"。因为按照亚里士多德和欧几里得的观点："公理是一切科学所公有的真理，而公设则只是为某一门科学所接受的第一性原理。"[①]

那么，只对伦理学有效的"道德价值存在本质公设"究竟是怎样的？在道德价值领域，社会是活动者，亦即制定道德的活动者，因而是主体；社会制定道德的目的，亦即道德目的，是主体活动目的；客体则是社会制定的道德所规范的对象，是可以进行道德评价的一切行为。这样，如果将普遍适用于一切应该、善和价值领域的"伦理学存在本质公理"，推演于道德应该、道德善、道德价值领域，便可以得出结论：行为应该如何的道德应该、道德善和道德价值，与行为事实如何，都是存在

[①] 克莱因：《古今数学思想》第1卷，上海科学技术出版社，1979年版，第60、68~69页；《亚里士多德全集》第一卷，中国人民大学出版社，1990年版，第266页。

于行为之中的属性。只不过，行为事实如何是行为独自具有的属性，是行为不依赖道德目的而具有的属性，是行为不论与道德目的发生还是不发生关系都具有的属性，是行为的固有属性或事实关系属性，是行为的"第一性质"或"第二性质"。反之，行为应该如何的道德应该、道德善和道德价值，则不是行为独自具有的属性，而是行为依赖道德目的所具有的属性，是行为事实如何与道德目的发生关系时所产生的属性，是行为事实如何对于道德目的的效用，是行为的关系属性，亦即行为的价值关系属性，说到底，是行为的"第三性质"。这就是道德应该、道德善、道德价值的存在本质，这就是伦理学的道德价值存在本质公设。举例说：

"应该诚实"与"诚实"都是诚实行为的属性。只不过，"诚实"是诚实行为独自具有的属性，是诚实行为不依赖道德目的而具有的属性，是诚实行为不论与道德目的发生还是不发生关系都具有的属性，是诚实行为的固有属性或事实关系属性，是行为的"第一性质"或"第二性质"。反之，"应该诚实"，则不是诚实行为独自具有的属性，而是诚实行为依赖道德目的而具有的属性，是诚实行为与道德目的发生关系时所产生的属性，是诚实行为符合道德目的——保障社会存在发展和增进每个人利益——之效用，是诚实行为的价值关系属性，是诚实行为的"第三性质"。

二、伦理学的价值存在结构公理和道德价值存在结构公设

1. 实体与标准：价值的存在结构

价值的存在本质（"价值、善、应该、应该如何"是客体依赖主体的需要而具有的属性，是客体的"是、事实、事实如何"与主体的需要、欲望、目的发生关系时所产生的属性，是客体的"是、事实、事实如何"对主体的需要、欲望、目的的效用，是客体的关系属性）表明，离开主体需要、欲望、目的，客体自身便不具有应该、善、价值；只有当

客体事实属性与主体需要、欲望、目的发生关系时，客体才具有应该、善、价值。因此，"应该""善""价值"的存在便由客体事实属性与主体需要、欲望、目的两方面构成：客体事实属性是"应该""善""价值"产生的源泉和存在的载体、本体、实体，可以名为"应该的实体""善的实体""价值实体"，或"善事物""价值物"；主体需要、欲望、目的则是"应该""善""价值"从客体事实属性中产生和存在的条件，是衡量客体事实属性的价值或善之有无、大小、正负的标准，可以名为"应该的标准""善的标准""价值标准"。这就是"价值、善、应该和正当的存在结构"，简言之，亦即"价值存在结构"。此理极端重要，是破解休谟难题——能否从事实推导出应该——的关键。试举几例以明之：

首先，牡丹花的"美"是牡丹花对人的审美需要的效用。所以，离开人的审美需要，牡丹花自身并不存在美。只有牡丹花的形状、颜色等事实属性与人的审美需要发生关系时，牡丹花才具有美。因此，牡丹花的"美"是由牡丹花的形状、颜色等事实属性与人的审美需要构成的：牡丹花的形状、颜色等事实属性是牡丹花的美产生的源泉和存在的载体、本体、实体，可以名为"牡丹花的美的实体"；人的审美需要则是牡丹花的美从牡丹花的事实属性中产生和存在的条件，是衡量牡丹花的形状、颜色等事实属性是否美的标准，可以名为"牡丹花的美的标准"。

其次，鸡蛋的营养价值是鸡蛋对人的饮食需要的效用。所以，离开人的饮食需要，鸡蛋自身并不具有营养价值。只有当鸡蛋的蛋白和蛋黄等事实属性与人的饮食需要发生关系时，鸡蛋才具有营养价值。因此，鸡蛋的营养价值是由鸡蛋的蛋白和蛋黄等事实属性与人的饮食需要、欲望、目的构成：鸡蛋的蛋白和蛋黄等事实属性是鸡蛋的营养价值存在的源泉和实体，人的饮食需要则是鸡蛋营养价值存在的条件和标准。

最后，"应该"饮食有节，是饮食有节行为对人的健康长寿的需要的效用。所以，离开人的健康长寿需要，饮食有节行为自身并不具有"应该"属性；只有当饮食有节行为事实与人的健康长寿需要发生关系时，饮食有节才具有"应该"的属性。因此，饮食有节的"应该"属性之存在，是由饮食有节行为的事实属性与人的健康长寿的需要构成：饮食有节的事实属性是饮食有节的"应该"属性的存在的源泉和实体，人的健康长寿的需要则是饮食有节的"应该"属性的存在的条件和标准。

可见，任何价值都不过是客体对于主体需要、欲望和目的的效用，因而皆由客体事实属性与主体需要、欲望、目的两方面构成：客体事实属性是价值产生的源泉和存在的实体，可以称为"价值实体"；主体需要、欲望、目的则是价值从客体事实属性中产生和存在的条件，是衡量客体事实属性的价值之有无、大小、正负的标准，可以名为"价值标准"。于是，在价值领域，正如普罗塔哥拉所言："人是万物的尺度。"更确切些说：主体的需要、欲望和目的是万物价值之尺度。

2. 实在与潜在：价值存在结构的二重性

当我们进一步审视应该、善、价值的存在结构时，可以看出：客体的事实属性，有些已为主体所认识，有些则尚未被主体认识。已被主体认识的客体事实属性，对于主体需要的效用，是现实的、实际存在的，因而可以称为"实在价值实体""实在善实体""实在应该实体"。尚未被主体认识的客体事实属性，对于主体需要的效用，则处于可能的、潜在的状态，因而可以称为"潜在价值实体""潜在善实体""潜在应该实体"。举例说：

一个铁矿，一片油田，尚未被人发现时，对人的效用便处于潜在的、可能的状态，所以是潜在价值实体、潜在善实体。而当它们被人发现时，对于人的效用，便是现实的、实际存在的，所以是实在价值实体、实在善实体。

同理，应该、善、价值之标准也有潜在与实在之分。因为主体的一切目的，如所周知，都产生于主体的需要和欲望：凡是主体的行为目的都是为了满足主体的需要和欲望；反之，凡是为了满足的主体的需要与欲望也都是主体的行为目的。因此，"目的"与"为了满足的需要与欲望"是同一概念。这意味着，主体的一切需要和欲望并不都引发行为、产生目的。已引发行为、产生目的的需要和欲望，便是为了满足的需要和欲望，便是目的，可以名之为实在需要和欲望，也不妨称为"有效需求"；未引发行为、产生目的的需要和欲望，便不是为了满足的需要和欲望，不是目的，可以称为潜在的需要和欲望，亦不妨称为"无效需求"。

举例说，一个专心攻读考取博士而不交女友的青年，其交结女友的需要和欲望便未引发行为、产生目的，因而不是为了满足的需要和欲望，不是目的，所以是潜在的需要和欲望，不妨称为"无效需求"。而当他终于考上博士而交结女友时，则其交结女友的需要和欲望便已引发行为、产生目的，是为了满足的需要和欲望，是目的，所以是实在需要和欲望，不妨称为"有效需求"。

目的是实在需要和欲望，因而也就是衡量客体事实属性价值如何、应该与否的现实的、实在的标准，是应该的实在标准、善的实在标准、价值的实在标准。非目的需要和欲望是潜在需要和欲望，因而也就是衡量客体事实属性价值如何、应该与否的潜在的、可能的标准，是应该的潜在标准、善的潜在标准、价值的潜在标准。

刚刚说到的那位青年，原本既有交结女友的两性需要和欲望，又有考取博士的需要和欲望。但是，专心准备考取博士的那些年月，他的目的是考取博士而不是交女朋友，交女朋友的需要和欲望受到压抑而处于潜在状态。这样，交女朋友对于他，一方面，实在来说，便因其浪费时间违背他考取博士的目的而是不应该的；另一方面，潜在来说，则因其符合他交女朋友的非目的需要而是应该的。所以，他考取博士的目的，亦即实在的需要和欲望，是衡量他行为应该与否的实在价值标准；而他交女朋友的非目的需要，亦即潜在的需要和欲望，则是衡量他的行为应该与否的潜在价值标准。

3. 结论：价值存在结构公理与道德价值存在结构公设

综上可知，"应该""善""价值"是客体的"是、事实、事实如何"对主体的需要、欲望、目的的效用，因而由客体事实属性与主体需要、欲望、目的两方面构成：客体事实属性是"应该""善""价值"产生的源泉和存在的载体、本体、实体，叫作"应该的实体""善的实体""价值实体"；主体需要、欲望、目的则是"应该""善""价值"从客体事实属性中产生和存在的条件，是衡量客体事实属性的价值或善之有无、大小、正负的标准，叫作"应该的标准""善的标准""价值标准"——目的是"实在价值标准"；非目的需要和欲望是"潜在价值标准"。

这就是应当、善与价值存在之结构，简言之，就是价值的存在结构，亦即普遍适用于一切应该、善和价值领域的"伦理学的价值存在结构公理"，说到底，亦即普遍适用于伦理学（伦理学是关于道德好坏的价值科学）和国家学（国家学是关于国家制度好坏的价值科学）以及中国学（中国学是关于中国国家制度好坏的价值科学）等一切"价值科学的价值存在结构公理"："价值科学的价值存在结构公理"与"伦理学的价值存在结构公理"以及"国家学的价值存在结构公理"与"中国学的价值存在结构公理"是同一概念。

举例说，商品使用价值是商品事实属性对人的消费需要、欲望和目的之边际效用，因而由商品事实属性与人的消费需要欲望和目的构成：商品事实属性是使用价值产生的源泉和存在的载体、本体、实体，叫作"使用价值实体"；人的消费需要、欲望、目的则是商品使用价值从商品事实属性中产生和存在的条件，是衡量商品事实属性的使用价值之有无、大小的标准，叫作"商品使用价值标准"。然而，问题的关键还在于：商品所有者虽然也有消费他的商品的需要与欲望，他的商品也能满足他的消费需要与欲望；但是，他生产商品的目的，却不是消费而是交换。所以，实在来说，商品对于他便没有使用价值，而只有交换价值；使用价值对于他仅仅是潜在的。因此，马克思说："商品所有者的商品对他没有直接的使用价值。一切商品对它们的所有者是非使用价值。"①

更全面些说，一方面，商品所有者的目的（交换），是衡量其商品对于他的价值的实在标准，因而实在来说，他的商品对于他便没有使用价值，而只有交换价值。另一方面，商品所有者的非目的需要和欲望（消费），则是衡量其商品对于他的价值的潜在标准，因而潜在来说，他的商品对于他也具有使用价值：使用价值对于他仅仅是潜在的。

在道德价值领域，社会是活动者，亦即制定道德的活动者，因而是主体；社会制定道德的目的，亦即道德目的，是主体活动目的；客体则是社会制定的道德所规范的对象，是可以进行道德评价的一切行为。这样一来，如果将普遍适用于一切应该、善和价值领域的"伦理学的价值存在结构公理"——"价值科学的价值存在结构公理"——推演于道德应该、道德善、道德价值领域，便可以得出结论说：

行为应该如何的道德应该、道德善、道德价值，是行为事实如何对于道德目的的效用，因而由"行为事实如何"与"道德目的"两方面构成：行为之事实如何是行为应该如何产生的源泉和存在的载体、本体、实体，可以名为"道德应该的实体"或"道德善的实体"，说到底，亦即"道德价值实体"；道德目的是行为应该如何从行为事实如何中产生和存在的条件，是衡量行为事实如何的道德价值之有无、大小、正负的标准，可以名为"道德应该的标准"或"道德善的标准"，说到底，亦即"道德价值标准"。这就是道德应该、道德善和道德价值存在之结构，简言之，就是道德价值存在结构，亦即仅仅适用于伦理学的"伦理学的道德价值存在结构公设"。举例说：

----

① 马克思：《资本论》第一卷上卷，人民出版社，1975年版，第103页。

"应该诚实"是诚实行为之事实如何符合道德目的——保障社会存在发展和增进每个人利益——之效用，因而由诚实行为之事实与道德目的两方面构成：诚实行为之事实如何是"应该诚实"产生的源泉和存在的载体、本体、实体，说到底，是"应该诚实"的道德价值实体；道德目的是"应该诚实"从诚实行为事实如何中产生和存在的条件，是衡量诚实行为事实如何的道德价值之有无、大小、正负的标准，说到底，是"应该诚实"的道德价值标准。

诚实行为事实如何只是"应该诚实"的道德价值实体；而道德目的才是"应该诚实"的道德价值标准。这意味着，诚实未必都是应该的，只有当诚实符合道德目的的条件下，诚实才是应该的；如果诚实违背道德目的，那么，就不应该诚实，而应该说谎。就拿康德举过的例子来说：当凶手询问被他追杀而逃到我家的无辜者是否在我家时，我是否应该诚实相告而不该谎称他不在家？[①] 否！

因为当凶手询问被他追杀而逃到我家的无辜者是否在我家时，"诚实"这种善便与"救人"这种善发生了冲突：要诚实便救不了人，要救人便不能诚实；不说谎就得害人性命，不害命便得说谎。当此际，诚实是小善，救人是大善；说谎是小恶，害命是大恶。因此，如果诚实就会害人性命，其净余额是害人，违背道德目的——保障社会存在发展和增进每个人利益——因而是不应该的；相反地，只有说谎才能救人性命，其净余额是利人，符合道德目的，因而应该说谎。孟子曰："大人者，言不必信，行不必果，惟义是从。"[②] 此之谓也！否则，避小恶（说谎）而就大恶（害命）、得小善（诚实）而失大善（救人），净余额是害人，违背道德目的，实乃不道德的小人之举："言必信，行必果，硁硁然小人哉！"[③]

---

① Sissela Bok, Lying : moral choice in public and private life, New York : Vintage Books, 1989, p.269.
②《孟子·离娄章句下》。
③《论语·为政》。

三、伦理学的价值存在性质公理和道德价值存在性质公设

1. 价值的存在性质：特殊性和普遍性

据说，斯宾诺莎有一天在一棵树下发现，没有两片完全相同的树叶。由此他领悟到：任何事物都有其特殊性。但是，他忽略了问题的另一面：也没有两片完全不同的树叶，一切事物都有其共同点、普遍性。所谓普遍性，就是某一种类所有事物都具有的属性，是一类事物的共同性。反之，特殊性则是某一种类部分事物所具有的属性，是某一种类事物的不同性。例如，喜爱美食和游戏，是人"类"所有的人都具有的属性，因而是普遍性。反之，爱吃萝卜而不是白菜，陶醉于打扑克而不是打乒乓球，则是人"类"的一部分人所具有的属性，因而是特殊性。

因此，所谓特殊的应该、善和价值，也就是仅仅对于某类主体的部分个体才存在的应该、善和价值，也就是对于该类部分主体才存在的应该、善和价值。这样，特殊的应该、善、价值便因主体不同而不同：对一定的主体是应该的、善的、有价值的；对于另一定主体却不是应该的、善的、有价值的，甚至是恶的、具有负价值的。反之，普遍的应该、善和价值，则是对于某类主体的一切个体的都相同的应该、善和价值，也就是对于该类任何主体都一样的应该、善和价值。这样，普遍的应该、善、价值的存在，便不会因主体的不同而不同：它们对于任何主体都同样是应该的、善的、有价值的。

举例说，菊花对于爱菊者是善的、有价值的。特别是陶渊明，菊花对其价值莫大焉："采菊东篱下，悠然见南山。"但是，菊花对于不爱菊者，特别是对于那些对菊花过敏者，却不是善的、有价值的。所以，菊花的善或价值是特殊的，是特殊的善，是特殊的价值。反之，美对于一切人——不论是爱菊者还是不爱菊者——都同样有价值，同样是善。所以，美的价值或善是普遍的，是普遍价值、普遍善。

不难看出，应该、善、价值的普遍与特殊之分，首先源于主体的需要（及其经过意识的各种转化形态，如欲望、目的）的普遍与特殊之分。所谓主体的特殊需要，亦即某类主体的不同需要，也就是仅为该类一些主体具有而另一些主体却不具有的需要。所谓主体的普遍需要，亦即某类主体的共同需要，也就是该类任何主体都同样具有的需要。

例如，就人"类"来说，一方面，"白菜萝卜各有所爱"，有些人喜欢吃白菜，有些人却不喜欢吃白菜，而喜欢吃萝卜。爱吃白菜或萝卜是人"类"的某些人的不同需要，因而是主体的特殊需要。另一方面，虽然众口难调，但正如孟子所言："口之于味，有同嗜焉。"各人的口味不论如何不同，却同样都有美食需要：美食的需要是人类的共同需要，因而是主体的普遍需要。

不言而喻，所谓特殊的应该、善、价值，也就是客体事实属性满足主体特殊需要之效用。它们满足的是主体的特殊的需要，所以便因主体的不同而不同。所谓普遍的应该、善、价值，也就是客体事实属性满足主体普遍需要之效用。它们满足的是主体的普遍需要，所以对于任何主体便都是一样的，而绝不会因主体的不同而不同。

为什么菊花的价值或善是特殊的？为什么菊花对一些人有价值、是善，对另一些人却无价值而不是善？岂不就是因为，菊花的形状和颜色以及香味等事实属性满足的是主体的特殊需要：爱菊仅仅是有些人才具有的需要。反之，美的价值或善为什么是普遍的？为什么美对于任何主体都同样有价值，同样是善？岂不就是因为，美的客体的"比例和谐"等事实属性满足的是主体的普遍需要：爱美之心人皆有之。

那么，究竟怎样的客体才能满足主体的特殊需要而具有特殊的价值、善、应该？怎样的客体才能满足主体的普遍需要而具有普遍的价值、善、应该？显然，只有普遍性的客体、客体的普遍性事实，才能满足主体的普遍需要。只有特殊性的客体、客体的特殊性事实，才能满足主体的特殊需要。但是，任何普遍都存在于特殊之中，任何特殊都包含着普遍。"食物"是普遍性客体，必定存在于"白菜"或"萝卜"等特殊性客体之中。"白菜"或"萝卜"等特殊性客体，也必定包含着"食物"等普遍性客体。

因此，如果一种特殊性客体，如白菜，它的特殊的颜色和味道等事实属性，能够满足某主体爱吃白菜的特殊需要，从而具有特殊的善和价值。同时也就因其包含"食物"这种客体的"可被主体消化吸收、新陈代谢"等普遍性事实属性，而满足了该主体的饮食和生存等普遍需要，从而具有普遍价值或善。反之亦然，如果一种普遍性客体，如食物，它的"可被主体消化吸收、新陈代谢"等普遍性事实属性，能够满足主体饮食和生存普遍需要，从而具有普遍的善和价值。同时也就因其必定包含于某种特殊性客体，如萝卜，而以萝卜特殊的颜色和味道等特殊性事实，满足了该主体的爱吃萝卜的特殊需要，从而具有特殊价值或善。

于是，总而言之，可以得出结论说，"应该""善""价值"既具有特殊性又具有普遍性，因其"价值标准（主体的需要、欲望、目的）"和"价值实体（客体的事实属性）"都既具有特殊性又具有普遍性。客体的特殊性事实具有满足主体特殊需要的效用，因而是一种特殊的应该、善、价值。这种应该、善、价值是特殊的，因为它们只是对于具有这种特殊需要的主体才是应该的、善的、有价值的。客体的普遍性事实具有满足主体普遍需要的效用，因而是一种普遍的应该、善、价值。这种应该、善、价值是普遍的，因为它们对于任何主体都因其有相同的需要而同样是应该的、善的、有价值的。

换言之，"应该""善""价值"既具有特殊性又具有普遍性。因为"应该""善""价值"是客体对主体的需要、欲望、目的的效用，由"客体事实属性（价值实体）"与"主体需要、欲望、目的（价值标准）"两方面构成。所以，一方面，应该、善、价值被"主体特殊需要、欲望、目的"和"客体特殊性事实"决定，因而具有特殊性：它们只是对于具有这种需要的那些主体才是有价值、善的、应该的，因而是特殊的应该、善、价值；另一方面，应该、善、价值又被"主体普遍需要、欲望、目的"和"客体普遍性事实"决定，因而具有普遍性——它们对于任何主体都因其有相同的需要而同样有价值，同样是善的、应该的，因而是普遍的应该、善和价值。这就是"应该""善""价值"存在的普遍性与特殊性原理，简言之，就是价值存在的普遍性与特殊性原理。

2. 价值的存在性质：相对性和绝对性

应该、善和价值的特殊性、普遍性，与其相对性、绝对性密切相关：特殊性都是相对性，绝对性都是普遍性。因为，所谓绝对，亦即无条件，也就是在任何条件——对象条件和时间条件——下都相同不变的东西，亦即对于任何对象在任何时间中都一样的东西。反之，相对则是有条件，亦即因条件——对象条件和时间条件——不同而不同的东西。

因此，所谓绝对的应该、善和价值，也就是无条件的应该、善和价值，也就是对于某类主体的任何个体在任何时间都存在的应该、善和价值。反之，相对的应该、善和价值则是有条件的应该、善和价值，也就是只有对于某类主体的部分个体——或任何个体在一定时期——才存在的应该、善和价值。举例说，食物的善和价值是绝对的，因为食物对于任何人在任何时间都是善的和有价值的。而牛肉的善和价值则是相对的，因为，牛肉只是对于某些人才是善的和有价值的。

不难看出，一切特殊的应该、善和价值，都是相对的。因为一切特殊的应该、善和价值，都仅仅对于某类主体的部分个体才是存在的，只是对于一些主体才是应该的、善的、有价值的。而对于另一些主体则不是应该的、善的、有价值的，甚至是恶的、具有负价值的。例如，猪肉的善或价值是特殊的，因为只是对于一些人来说，猪肉才是善的和有价值的。这样，猪肉的善或价值也就是相对的：它只是对于需要猪肉的人才是善的、有价值的，而对于不需要猪肉的人，如回民，则不是善的、有价值的。

那么，是否一切普遍的应该、善和价值都是绝对的？否。不妨就客体对于人的价值来说。普遍价值无疑是对于一切人都存在的价值，因而其存在是无对象条件的。而绝对价值则是对于一切人在任何时间都存在的价值，因而其存在不但无对象条件，而且无时间条件。因此，绝对价值都是普遍价值，普遍价值却不都是绝对价值：绝对价值仅仅是那种既无对象条件又无时间条件的普遍价值，亦即对于任何人在任何时间都一样存在的价值——"绝对价值"与"绝对的普遍价值"是同一概念。举例说：

古人云："食色性也。"但是"食"与"性"的价值并不相同。食物不但对于任何人都是有价值的，因而是普遍价值，而且对于任何人在任何时间都是有价值的，因而是绝对价值。性对象也是对于任何人都有价值，因而是普遍价值，但性对象并不具有绝对价值，而只具有相对价值，是相对的普遍价值。因为性对象并不是对于任何人在任何时间都是有价值的。性对象只是在人们进入青春期性成熟以后才是有价值的，而处于青春期之前的人，没有性爱需要，性对象对于他们也就没有什么价值可言。试想，对一个没有性爱需要的人说"生命诚可贵，爱情价更高"，岂不可笑？

应该、善、价值的相对与绝对之分，首先源于"主体的需要、欲望、目的"的相对与绝对之分。因为所谓主体的绝对需要，也就是某类主体的任何个体在任何时间都普遍具有的需要，如每个人的自由需要、游戏需要、审美需要和食物需要等。所谓主体的相对需要，则是仅为某类主体的部分个体具有——或为任何个体在一定时间具有——的需要：前者如牛肉需要，后者如性需要。

于是，满足主体绝对需要的应该、善、价值，对于任何主体在任何时间便都因其有相同的需要而同样有价值,同样是善的、应该的。所以,它们是绝对的。反之,满足主体相对的需要之应该、善、价值,便会或者因主体的不同而不同,或者因主体在不同时期的需要不同而不同:它们对于具有这种需要的主体便有价值,便是善的、应该的;对于不具有这种需要的主体则无价值,则不是善的、应该的。所以,它们是相对的。

为什么食物的价值或善是绝对的?为什么食物对于任何人在任何时间都同样有价值,同样是善?显然是因为食物满足的是人的绝对需要:任何人在任何时间都具有对于食物的需要。为什么牛肉和性对象的价值或善是相对的?无疑是因为牛肉和性对象满足的是人的相对需要:吃牛肉仅仅是有些人才具有的需要,性欲则仅仅是每个人在青春期之后才具有的。

那么,究竟怎样的客体才能满足主体的相对的特殊的需要而具有相对价值、善、应该?怎样的客体才能满足主体的绝对需要而具有绝对的价值、善、应该?毫无疑义,只有绝对性的客体、客体的绝对性事实,才能满足主体的绝对需要。只有相对性的客体、客体的相对性事实,才能满足主体的相对需要。但是,任何绝对和普遍都存在于相对和特殊之中,任何相对和特殊都包含着绝对和普遍。"美"的客体是绝对的普遍性客体,必定存在于"菊花"和"庐山"等相对的特殊的美的客体之中。"菊花"和"庐山"等美的相对的特殊的客体,也必定包含着"美"的绝对的普遍性客体。

因此,如果一种相对性特殊性客体,如菊花,它的特殊的形状、耐寒、花开季节以及周敦颐所谓的"予谓菊,花之隐逸者也"[①]等特殊的相对的事实属性,能够满足陶渊明的"隐逸"等相对的特殊的需要,从而具有相对的善和价值。同时也就因其包含"美"这种客体的"比例和谐"

---

① 周敦颐:《爱莲说》。

等绝对的普遍事实属性，而满足了陶渊明等爱菊者的"爱美之心"的绝对需要，从而具有绝对价值、绝对善。

反之亦然，如果一种绝对性的普遍客体，如"美"的客体，它的"比例和谐"等绝对的普遍性事实属性，能够满足陶渊明和周敦颐等一切人的审美的绝对性普遍需要，从而具有绝对的善和价值。同时也就因其必定包含于某种特殊性客体，如莲花，而以其"出淤泥而不染，濯清涟而不妖，中通外直，不蔓不枝，香远益清，亭亭净植，可远观而不可亵玩焉"[①]等特殊性相对性事实属性，满足了周敦颐"将莲花比君子"（"莲，花之君子者也"[②]）的爱莲花的特殊的相对的需要，从而具有相对价值和相对善。

综上可知，"应该""善""价值"既具有相对性又具有绝对性，因其"价值标准（主体的需要、欲望、目的）"和"价值实体（客体的事实属性）"都既具有特殊性和相对性，又具有普遍性和绝对性。客体的特殊性相对性事实，具有满足主体特殊的相对的需要之效用，因而是一种相对的应该、善、价值。这种应该、善、价值是相对的，因为它们对于具有这种需要的主体便有价值，便是善的、应该的。对于不具有这种需要的主体则无价值，则不是善的、应该的。客体的绝对性的普遍事实具有满足主体绝对的普遍需要的效用，因而是一种绝对的应该、善、价值。这种应该、善、价值是绝对的，因为它们对于任何主体在任何时期都因其有相同的需要而同样有价值，同样是善的、应该的。

换言之，应该、善、价值的存在既具有相对性又具有绝对性。因为"应该""善""价值"是客体对主体的需要、欲望、目的的效用，由"客体事实属性（价值实体）"与"主体需要、欲望、目的（价值标准）"两方面构成。所以，一方面，应该、善、价值被"主体的特殊的相对的

---

① 周敦颐：《爱莲说》。
② 周敦颐：《爱莲说》。

需要、欲望、目的"和"客体的特殊的相对的事实"决定，因而具有相对性：它们对于具有这种特殊需要的主体便是有价值的、善的、应该的，而对于不具有这种特殊需要的主体则不是有价值的、善的、应该的，因而是相对的应该、善、价值。另一方面，应该、善、价值又被"主体的绝对的普遍需要、欲望、目的"和"客体的绝对的普遍事实"决定，因而具有绝对性。它们对于任何主体在任何时间都因其有相同的需要而同样有价值，同样是善的、应该的，因而是绝对的应该、善和价值。这就是"应该""善""价值"存在的绝对性与相对性原理，简言之，就是价值存在的绝对性与相对性原理。

3. 价值的存在性质：主观性与客观性

弄清了应该、善和价值存在的普遍性和特殊性以及绝对性和相对性，便可以解析基于二者的更为复杂的客观性和主观性难题了。应该、善和价值的客观性和主观性，首先源于主体需要——及其经过意识的各种转化形态——的客观性和主观性。不过，所谓主观和客观，如所周知，含义有二。一个含义是：主观指意识、精神，客观指意识或精神之外的物质世界。另一个含义是：主观指事物的以人的意志为转移的属性，客观指事物的不以人的意志为转移的属性。主体需要、欲望、目的之"主观与客观"，系指主观和客观的后一种含义：是否以人的意志为转移。因为，如果就第一种含义来看，欲望属于意识范畴，因而一切欲望都是主观的，根本不存在什么客观的欲望。欲望的主观与客观之分，显然只能是指"是否以人的意志为转移"含义：以人的意志为转移的欲望，如偷盗的欲望，就是主观欲望；不以人的意志为转移的欲望，如性欲和食欲，就是客观欲望。

因此，所谓主体的主观需要，也就是以人的意志为转移的需要，而主体的客观需要则是不以人的意志为转移的需要。那么，究竟主体的什么需要是以人的意志为转移的？无疑是主体的特殊需要：主体的主观需要都是主体的特殊需要。因为每个人的特殊的需要、欲望、目的，大都是偶然的、可变的、可以自由选择的，因而具有依自己的意志而转移的主观性。举例说：

张三醉心于打扑克，对于扑克有强烈的需要。李四则醉心于下象棋，对于下棋有强烈的需要。这些都是特殊需要。张三和李四的这些特殊需要，都是偶然的、可变的、可以自由选择的。因为张三和李四都可能认识到打扑克和下象棋有损健康而逐渐喜欢打乒乓球，从而对打乒乓球产生强烈需要而不再需要打扑克和下象棋。所以，张三的打扑克的需要和李四的下象棋的需要是主观随意的：特殊需要大都具有以自己的意志为转移的主观性。

主体特殊需要的主观随意性决定了应该、善和价值具有主观随意性。因为主体的需要是应该、善和价值的标准：如果衡量客体的善和价值的标准是主观随意的，那么，客体的善和价值又怎么能不是主观随意的呢？确实，如果张三、李四打扑克和下象棋的需要是主观随意的，那么，打扑克和下象棋的价值或善也就不能不是主观随意的。因为当张三李四有打扑克和下象棋的需要时，打扑克和下象棋就是有价值的，就是一种善。但是，当他们一旦戒掉这些嗜好而不再有这些需要时，打扑克和下象棋就不再是善，不再有价值了。

因此，究竟应该打扑克还是应该下象棋抑或打乒乓球？究竟打扑克有价值还是下象棋有价值？究竟当官好、发财好，还是当教授好？如此等等满足每个主体的一切特殊需要的应该、善和价值，皆因时因地而异，依主体的意志而转移，都是主观随意和偶然多变的，以至王羲之叹曰："当其欣于所遇，暂得于己，快然自足，曾不知老之将至。及其所之既倦，情随事迁，感慨系之矣。向之所欣，俯仰之间，已为陈迹，犹不能不以之兴怀。"①

但是，"应该""善""价值"并不完全是主观的。如果它们完全是主观的，因而仅仅取决于我们的意志，那么，岂不是只要我们愿望和思想某些东西有价值，它们也就一定有价值吗？但是，恰恰相反，难道蚊子、苍蝇有害而青蛙、蜘蛛有益是因为我们的愿望就是如此吗？难道我们愿望、想望、希望什么东西有价值，什么东西就有价值吗？并不是。所以，邦德说："思想某些东西有价值，亦即评价它们，不可能使它们真就有价值。"②"应该""善""价值"显然具有某种不以人的意志为转移的客观性。

"应该""善""价值"是客观的，具有客观性，首先源于它们的标准——主体的需要、欲望、目的——具有客观性，是客观的。所谓主体的客观需要，如上所述，乃是不以人的意志为转移的需要。那么，究竟主体的什么需要是不以人的意志为转移的？无疑是主体的普遍需要。因为每个人的普遍的需要、欲望、目的，都是必然的、不可改变的、不能自由选择的，因而具有不以人的意志为转移的客观性。举例说，每个人都具有饮食需要、性需要、游戏的需要、审美需要、自我实现需要；每个社会都有节制、诚实、自尊、中庸、勇敢、正义等道德需要。所以，这些都是普遍需要。这些普遍需要之所以是每个主体都具有的，是因为它们是必然的、不可改变的、不能自由选择的，因而具有不以人的意志为转移的客观性。

这种客观性就是一种所谓的人性而蕴含于他的机体构造及其需要之中。因此，弗洛伊德一再说，恒久地看，人并不是自己的躯体欲望和它所引发的行为目的的主人："自我就是在自己的家里也不是主人。"③ "人是

---

① 王羲之：《兰亭集序》。
② E.J.Bond: Reason and Value, Cambridge University Press, 1983, p.100.
③ Sigmund Freud：Introductory Lectures On Psycho-Analysis, Translated by James Strachey, W. W. Norton & Company, New York, 1966, p.353.

智力薄弱的动物，是受其本能欲望支配的。"①

这样，性对象的价值或善也就是客观的、不以人的意志为转移的。因为不论一个人的意志如何，他都不可能没有性欲。不论他的意志如何，性对象都能够满足他的性欲而具有价值或善：性对象的善和价值是不以人的意志为转移的，是客观必然的。同理，一切满足主体普遍需要的善和价值，如食物的善和价值、爱情的善和价值、游戏的善和价值、美的善和价值、自我实现的善和价值、诚实的善和价值、勇敢的善和价值等，也就都具有不以人的意志为转移的客观性，都是客观的善和价值：客观的应该、善和价值就是不以主体的意志为转移的应该、善和价值。所以，应该、善和价值的客观性源于主体的普遍需要的不以人的意志为转移的客观性。

"应该""善""价值"具有客观性，不仅因其价值标准——主体的普遍的需要、欲望、目的——是客观的，更重要地，还因其乃是客体的事实属性对于主体的需要、欲望、目的的效用：客体事实属性是它们产生的源泉和存在的实体。这样，它们的存在便具有不以主体的意志为转移的性质。因为客体的事实属性是不依赖主体的需要、欲望、目的而存在的：事实之为事实就在于它们是不依赖主体的需要、欲望、目的而存在的东西。白菜有价值，并不仅仅取决于人们的口味，更重要地，还取决于白菜所具有的那些不以人的意志为转移的事实的属性，如含有蛋白质、脂肪、碳水化合物、钙、胡萝卜素、核黄素等。

如果白菜没有这些属性，而具有其他一些事实属性，比如说，乙肝病毒和艾滋病病毒，我们还能说它们有价值吗？所以，我们说白菜有价值，并不仅仅是因为我们的欲望如何，更重要的是因为这些东西具有某些不以人的意志为转移的事实属性。反之，即使一个人不喜欢吃白菜，

---

① 宾克莱：《理想的冲突》，商务印书馆，1983年版，第131页。

白菜对于他也是具有营养价值的。所以，白菜因其含有蛋白质、脂肪、碳水化合物等事实属性而具有的营养价值，是不依赖主体的口味、嗜好、欲望、愿望而转移的，因而是客观的，是客观价值。客观价值就是不以主体的欲望、愿望、意志为转移的价值。

综上可知，"应该""善""价值"既具有主观性又具有客观性。一方面，"应该""善""价值"具有主观性，因其标准——主体的需要、欲望、目的——具有特殊性，因而是主观的、偶然的、可变的、以人的意志为转移的。另一方面，"应该""善""价值"又具有客观性，不但因其实体（客体的事实属性）是客观的、不以人的意志为转移的，而且因其标准（主体的需要、欲望、目的）具有普遍性，因而也是客观的、必然的、不可改变的、不以人的意志为转移的。

换言之，"应该""善""价值"既具有主观性又具有客观性，因为"应该""善""价值"是客体对主体的需要、欲望、目的的效用，由"客体事实属性（价值实体）"与"主体需要、欲望、目的（价值标准）"两方面构成。所以，一方面，应该、善、价值被"主体的特殊的、主观的、可以因人的意志而转移的需要、欲望、目的"决定，因而具有主观性：它们是以人的意志而转移的，因而是主观的应该、善和价值。另一方面，应该、善、价值又被"客体的事实属性和主体的普遍的、客观的、不以人的意志而转移的需要、欲望、目的"决定，因而具有客观性：它们是不以人的意志为转移的，因而是客观的应该、善和价值。这就是"应该""善""价值"存在的客观性与主观性原理，简言之，就是价值存在的客观性与主观性原理。

4. 结论：价值存在性质公理与道德价值存在性质公设

综观应该、善、价值的存在性质可知，应该、善、价值的存在既具有特殊性、相对性和主观性，又具有普遍性、绝对性和客观性。因为"应该""善""价值"是客体对主体的需要、欲望、目的的效用，由客体事实属性（价值实体）与主体需要、欲望、目的（价值标准）构成。所以，一方面，应该、善、价值被"主体特殊性、相对性需要"和"客体特殊性、相对性事实"决定，因各主体需要的不同而不同，是特殊的、相对的和主观随意的。另一方面，应该、善、价值又被"主体普遍性、绝对性需要"和"客体普遍性、绝对性事实"决定，对任何主体都因其有相同的需要而同样是善的、应该的、有价值的，因而是普遍的、绝对的和客观的而不以人的意志为转移。

这就是应该、善、价值的存在之性质，简言之，就是价值的存在性质，亦即普遍适用于一切应该、善、价值领域的"伦理学的价值存在性质公理"，说到底，亦即普遍适用于伦理学和国家学以及中国学等一切"价值科学的价值存在性质公理"："价值科学的价值存在性质公理"与"伦理学的价值存在性质公理"以及"国家学的价值存在性质公理"与"中国学的价值存在性质公理"是同一概念。

在道德价值领域，社会是活动者，亦即制定道德的活动者，因而是主体。社会制定道德的目的，亦即道德目的，是主体活动目的。客体则是社会制定的道德所规范的对象，是可以进行道德评价的一切行为。这样一来，如果将普遍适用于一切应该、善、价值领域的"伦理学的存在性质公理"，推演于道德应该、道德善、道德价值领域，便可以得出结论说：

行为应该如何的道德价值、道德善、道德应该，既具有特殊性、相对性和主观性，又具有普遍性、绝对性和客观性。因为行为应该如何的道德价值，是行为事实如何对于道德目的的效用，由"行为事实如何"（道德价值实体）与"道德目的"（道德价值标准）两方面构成。所以，一方面，行为之应该如何的道德价值，被"一定社会创造道德的特殊的、相对的目的"与"特殊的、相对的行为之事实如何"决定，因社会的不同而不同，是特殊的、相对的和主观随意的。另一方面，行为之应该如何的道德价值，被"一切社会创造道德的普遍的、绝对的目的"与"普遍的、绝对的行为之事实如何"决定，对于任何社会都是一样的，因而是普遍的、绝对的和客观的而不以人的意志为转移。这就是道德应该、道德善、道德价值的存在性质，这就是仅仅适用于伦理学的"伦理学的道德价值存在性质公设"。举例说：

许多初民社会都处于生产力极端低下的同样社会发展阶段：所提供的食品不足以养活所有人口。但是，这些社会所制定和奉行的道德规则却不相同。爱斯基摩人的规则是将一部分女婴和年老体衰的父母置于雪地活活冻死。巴西的雅纳马莫人的规则是杀死或饿死女婴，并在男人之间不断进行流血的战斗。新几内亚的克拉基人的规则是男人在进入青春期以后的数年内只可建立同性恋关系。这充分表明行为应该如何的道德价值和道德规范的特殊性、相对性和主观任意性。而这种特殊性、相对性和主观性无疑主要取决于初民社会"为了避免饿死所有人"的特殊的和相对的道德目的。

然而，无论如何，古今中外，有哪一个社会、哪一个时代、哪一个阶级，不倡导诚实、自尊、爱人、忠尽、勤勉、慷慨、勇敢、公平、廉洁、善、幸福、谦虚、智慧、节制、勇敢等道德规范？绝对没有！这充分表明行为应该如何的道德价值和道德规范的普遍性、客观性和绝对性，而这种普遍性、客观性和绝对性，主要讲来，无疑取决于一切社会创造道德的普遍的、最终的和绝对的目的：保障社会的存在、发展和增进每个人的利益。

四、关于伦理学价值存在公理和道德价值存在公设的理论

1. 总结：伦理学的三个价值存在公理和三个道德价值存在公设

综上可知，伦理学的价值存在公理和道德价值存在公设，可以归结为如下 6 个伦理学的"初始命题集"或"公理与公设"。

（1）伦理学的价值存在本质公理。

"善、价值、应该、应该如何"是客体依赖主体需要而具有的属性，是客体的"是、事实、事实如何"与主体的需要、欲望、目的发生关系时所产生的属性，是客体的"是、事实、事实如何"对主体的需要、欲望、目的的效用，是客体的关系属性，是客体的"第三性质"。

（2）伦理学的价值存在结构公理。

"应该""善""价值"是客体的"是、事实、事实如何"对主体的需要、欲望、目的之效用，因而由客体事实属性与主体需要、欲望、目的两方面构成：客体事实属性是"应该""善""价值"产生的源泉和存在的载体、本体、实体，叫作"价值实体"；主体需要、欲望、目的则是"应该""善""价值"从客体事实属性中产生和存在的条件，是衡量客体事实属性的价值或善之有无、大小、正负的标准，叫作"价值标准"——目的是"实在价值标准"，非目的需要和欲望是"潜在价值标准"。

（3）伦理学的价值存在性质公理。

应该、善、价值的存在既具有特殊性、相对性和主观性，又具有普遍性、绝对性和客观性。因为"应该""善""价值"是客体对主体的需要、欲望、目的的效用，由客体事实属性（价值实体）与主体需要、欲望、目的（价值标准）构成。所以，一方面，应该、善、价值被"主体特殊需要"和"客体特殊事实"决定，因各主体需要的不同而不同，是特殊的、相对的和主观随意的。另一方面，应该、善、价值又被"主体普遍需要"和"客体普遍事实"决定，对任何主体都因其有相同的需要而同样是善的、应该的、有价值的，因而是普遍的、绝对的和客观的而不以人的意志为转移。

（4）伦理学的道德价值存在本质公设。

行为应该如何的道德应该、道德善、道德价值，是行为依赖道德目的而具有的属性，是行为事实如何与道德目的发生关系时所产生的属性，是行为事实如何对于道德目的的效用，是行为的关系属性，是行为的"第三性质"。

（5）伦理学的道德价值存在结构公设。

行为应该如何的道德应该、道德善、道德价值，是行为事实如何对于道德目的的效用，因而由"行为事实如何"与"道德目的"两方面构成：行为之事实如何是行为应该如何产生的源泉和存在的载体、本体、实体，叫作"道德价值实体"；道德目的是行为应该如何从行为事实如何中产生和存在的条件，是衡量行为事实如何的道德价值之有无、大小、正负的标准，叫作"道德价值标准"。

（6）伦理学的道德价值存在性质公设。

行为应该如何的道德价值、道德善、道德应该，既具有特殊性、相对性和主观性，又具有普遍性、绝对性和客观性。因为行为应该如何的道德价值，是行为事实如何对于道德目的的效用，由"行为事实如何"（道德价值实体）与"道德目的"（道德价值标准）两方面构成。所以，一方面，行为之应该如何的道德价值，被"一定社会创造道德的特殊目的"与"特殊的行为之事实如何"决定，因社会的不同而不同，是特殊的、相对的和主观随意的。另一方面，行为之应该如何的道德价值，被"一切社会创造道德的普遍目的"与"普遍的行为之事实如何"决定，对于任何社会都是一样的，因而是普遍的、绝对的和客观的而不以人的意志为转移。

这6个伦理学的"初始命题集"结合起来，之所以叫作"伦理学的价值存在公理和道德价值存在公设"，完全因其是破解休谟难题——能否从"事实如何"推导出"应该如何"——的理论前提，从而推演出"伦理学价值推导公理和道德价值推导公设"，最终推演出伦理学全部对象和全部命题。这是"元伦理证明：伦理学的推导公理和推导公设"的内容。因此，这6个"伦理学的价值存在公理和道德价值存在公设"极端重要，以至围绕它们形成了四大元伦理学理论："客观论""实在论""主观论""关系论"。

2. 客观论和实在论

元伦理学的客观论，亦即"元伦理客观论"（Metaethical Objectivism），乃是认为应该、善和价值存在于客体之中的元伦理证明理论，说到底，也就是一种关于伦理学价值存在公理和道德价值存在公设的证明理论。持有客观论观点的思想家甚多，如柏拉图、亚里士多德、托马斯·阿奎那、沙甫慈伯利、赫起逊、爱德华·柏克（Edmund Burke）、康德、歌德、黑格尔、摩尔、邦德、戴维·布云克（David O.Brink）、乔德（C.E.M.Joad）、罗尔斯顿等。不过，客观论可以分为两派。一派是温和客观论，认为应该、善和价值不能离开主体而独立存在于客体之中。另一派是极端客观论，认为应该、善和价值可以离开主体而独立存在于客体之中。

在温和客观论看来，"应该""善""价值"存在于客体之中。但是，离开主体，客体自身并不存在"应该""善""价值"：客体是其存在的源泉，主体是其存在的条件。这一点，罗尔斯顿说得最清楚："观赏建构了花的价值，这种价值不是某种与人的观赏无关的、早就存在于花中的价值。但它仍然是这样一种价值：它们虽然表现为人的主观意识的产物，却仍然是客观地附丽在绽开于草丛中的鲜花身上的。"[①] 所以，朱狄先生在考察客观论之后得出结论说："一般来说，客观论者也承认不仅需要一个客体，而且也需要一个主体才能发生整个的审美过程，但……客观论者仅仅承认审美愉快的获得需要主体，而并不认为美的根源在需要客体存在的同时也需要主体的存在。"[②] 这种客观论，正如朱狄所说，是"一般来说"的客观论，亦即多数客观论者的客观论、温和客观论。

[①] 罗尔斯顿：《环境伦理学》，中国社会科学出版社，2000年版，第153页。
[②] 朱狄：《当代西方美学》，人民出版社，1984年版，第176页。

反之，极端客观论则认为应该、善和价值是客体的一种可以离开主体而独立存在的事实，因而叫作"实在论"，亦即"元伦理实在论"（Metaethical Realism）：元伦理实在论是认为应该、善和价值是客体的可以离开主体而独立存在的事实的元伦理证明理论。邦德、布云克、威根斯（Ddavid Wiggins）、麦克道尔（John Mcdowell）、博伊德（Richard N.Boyd）、斯图尔根（Nicholas L.Sturgeon）、麦考德（Geoffrey Sayre-McCord）、普来特斯（Mark Platts）以及乔德和中国美学家蔡仪的观点，都属于元伦理实在论。诚然，他们正确地看到应该、善、美、价值存在于客体中。但是，他们却否认主体的需要——及其转化形态——是应该、善、美存在的条件，认为应该、善、美、价值并不依赖主体的需要、欲望、目的而为客体独自具有，是客体的一种可以离开主体而独立存在的事实，是一种实在，是客体固有或事实属性。这一点，邦德讲得最清楚：

"对于欲望某物的人来说，欲望和目的并不是该物实际具有价值的条件：既不是必要条件，更不是充分条件。"[1] "一切价值都是客观的，也就是说，它们是独立于欲望和意志而存在的。……价值是一种独立的存在。在这个世界上，即使没有人，即使没有意识、没有食欲的力量，价值也能够独立存在。"[2]

可见，温和客观论与实在论的共同点是都认为应该、善、美、价值完全存在于客体中，因而都属于客观论。但是，温和客观论认为应该、善、美、价值是客体与主体发生关系时所产生的属性，是依赖主体而存在于客体中，是客体的一种不能独自具有的属性，是客体的关系属性。反之，实在论则认为应该、善、美、价值并不依赖主体需要而为客体独自具有，是客体的一种可以离开主体需要而独立存在的事实，是一种实在，是客体的固有或事实属性。所以，实在论是一种极端的客观论。

---

[1] E.j.Bond: Reason and Value, Cambridge University Press, 1983, p.59.
[2] E.j.Bond: Reason and Value, Cambridge University Press, 1983, pp.84~85.

不难看出，温和客观论是真理，而实在论是谬误。因为，如前所述，应该、善、美、价值是客体的关系属性，是客体的事实属性与主体的需要、欲望、目的发生关系时所产生的属性：客体事实属性是应该、善、美、价值产生的源泉和存在的实体，主体需要、欲望、目的则是应该、善、美、价值从客体事实属性中产生、存在的条件与标准。实在论的错误就在于它只看到客体是应该、善、美、价值产生的源泉和存在的实体，却看不到主体是应该、善、美、价值产生的条件和存在的标准，只看到应该、善、美、价值产生和存在于客体之中，却看不到应该、善、美、价值只有在客体与主体发生关系的条件下，才能从客体中产生，才能存在于客体。于是，实在论便误以为不论有无主体，客体都具有应该、善、美、价值，因而应该、善、美、价值也就不是客体的价值关系属性，而是客体的固有属性或事实属性了。因此，元伦理实在论的错误，说到底，就在于：把客体的关系属性，当作客体的固有属性；把客体的价值关系属性，当作客体的事实关系属性；把应该、善、美、价值的源泉和实体，当作应该、善、美、价值本身。

3. 实在论的几种类型

元伦理实在论广泛存在于道德、美和经济等价值科学领域。它在道德领域的表现是所谓"道德实在论"（moral realism）。道德实在论的基本特征是承认存在所谓"道德事实"。波吉曼说："道德实在论者关于伦理学持有一种这样的观点：存在道德事实（moral facts）。"[1] 戴维·布云克在谈到他所主张的"道德实在论"时也这样写道："我把道德实在论归结为这样一种元伦理观：它认为存在道德事实。"[2] 然而，究竟何谓"存在道德

---

[1] Louis P.Pojman: Ethical Theory: Classical and Contemporary Readings, Wadsworth Publishing Company, USA, 1995, p.456.
[2] Louis P.Pojman: Ethical Theory: Classical and Contemporary Readings, Wadsworth Publishing Company, USA, 1995, p.530.

事实"？

黑尔在解释这一点时写道："它的意思无非是：诸如不正当之道德特性和一种行为是不正当之道德事实，是事物固有本性之存在（exist in rerum natura）。因此，如果一个人说某种行为是不正当的，那就意味着不正当的特性以某种方式、在某个地方存在着，它也不能不存在于那里，如果那种行为是不正当的；并且意味着那种行为是不正当的事实也以某种方式、在某个地方存在着。"[①]

可见，所谓"存在道德事实"，也就是说正当、道德善、道德价值是一种事实，甚至是事物固有属性，属于事实范畴，因而也就是不依赖主体需要而存在的属性。它不依赖主体，那么，它是不是像马奇所说的那样，是与物理属性无关而自成一类的实体？戴维·布云克的回答是否定的："道德实在论认为道德属性是在物理属性基础上产生的。"[②]那么，它究竟是一种在行为物理属性基础上产生的怎样的属性呢？黑尔对布云克此见诠释道："我们所说的'不正当'之属性和一种行为是不正当之事实，就如同说'红'之属性和某种东西是红的事实一样。"[③]

道德实在论的错误，首先在于等同客体的事实关系属性与价值关系属性。他们大都正确看到道德善与红色一样，都是客体依赖主体而存在的关系属性，而不是客体的固有属性。但是，他们却没有看到一方面，红色是客体不依赖主体的需要、欲望和目的而具有的属性，因而是客体的事实属性，是客体的事实关系属性，是客体的"第二性质"；另一方面，道德善则是客体的不能离开主体需要、欲望和目的而具有的属性，是客体的事实属性对主体的需要、欲望、目的的效用——"行为事实"

---

① Ted Honderich: Morality and Objectivity, Routledge & Kegan Paul, London, 1985, p.40.
② Louis P.Pojman: Ethical Theory: Classical and Contemporary Readings, Wadsworth Publishing Company, USA, 1995, p.533.
③ Ted Honderich: Morality and Objectivity, Routledge & Kegan Paul, London, 1985, p.45.

符合"道德目的"的效用性——是客体的价值关系属性，是客体的"第三性质"。道德实在论的错误就在于等同价值与颜色的存在性质，因而由颜色是事实的正确观点得出错误结论：道德善也是事实，存在道德事实。

道德实在论的错误，还在于混淆广义事实与狭义事实的概念。因为，如前所述，一方面，广义的事实是不依赖思想意识而存在的事物，包括价值——价值无疑是不依赖思想意识而存在的事物——该概念适用于认识论等非价值科学。另一方面，狭义的事实是不依赖主体需要而存在的事物，不包括价值——价值是依赖主体需要而存在的事物——与价值是外延毫不相干的对立概念关系。这种狭义事实概念适用于伦理学等一切价值科学，因为伦理学等一切价值科学的根本问题——能否从"事实"推导出"价值"——意味着价值不是事实，事实不包括价值，事实与价值是外延毫不相干的对立概念。

问题的关键在于，"道德善"是个伦理学概念，属于"价值"范畴，因而与"事实"是外延毫不相干的对立概念关系，不可能属于"事实"范畴，不可能是事实，说到底，不可能存在什么"道德事实"。所谓"道德事实"，完全与伦理学等一切价值科学的根本问题——能否从"事实"推导出"价值"——相悖，因而在伦理学中便如同"圆的方"一样，是个荒谬的、矛盾的、不能成立的概念。

但是，"道德事实"在认识论等非价值科学中，却是个科学的概念。因为，在非价值科学中，所谓"事实"是广义的，是指不依赖思想意识而实际存在的事物。而"道德善"的存在只依赖主体的需要、欲望和目的，只依赖社会创造道德的目的，却不依赖思想意识，因而属于事实范畴："道德事实"概念在认识论等非价值科学中是个科学的概念。

可见，道德实在论者在伦理学领域大谈"道德事实"是错误的。他们混淆了"事实"概念在非价值科学和价值科学中的不同含义，混淆了广义事实与狭义事实的概念。殊不知，"道德事实"概念在认识论等非价值科学中是个科学的概念，而在伦理学等价值科学中却是个荒谬的概念。

元伦理实在论在美学领域的表现，亦即"审美价值实在论"：把美界定为客体的比例和谐。如果美就在于客体的比例和谐，那么，美就不依赖人的审美需要、欲望、目的而为客体独自具有，就是客体的一种可以离开人而独立存在的事实，就是一种实在，就是客体的固有属性。因此，审美价值实在论者乔德写道："美是一种独立的、自满自足的对象，它在宇宙中是种真实的和独特的要素……当我们说一幅画或一首乐曲是美的时候……是指图画和乐曲本身所具有的那种特质和属性。"一句话——中国的审美价值实在论者蔡仪总结道——"美是不依赖于欣赏的人而存在的。"①

因此，假如世界上的人都没有了，拉斐尔的《西斯廷圣母》像的美将依然如故："难道有任何变化会发生在这幅画上吗？难道对它的经验会有任何变化吗？""唯一发生变化的只不过是它不再被欣赏罢了。但难道会使它自动地变得不再是美的了吗？毋庸置疑的事实是，我们所有的人都将认为，即使无人静观的《西斯廷圣母》像的存在，也总要比无人静观的臭水坑要好。"② 这种观点的错误显然在于把美的价值等同于美的价值实体：比例和谐乃是美的实体，而并不是美；美乃是客体的比例和谐对于人类审美需要的效用。

元伦理实在论在经济学领域的表现，是"商品价值实在论"，主要是马克思的"劳动价值论"，亦即把商品价值界定为凝结在商品中的一般人类劳动："一切商品作为价值只是结晶的人类劳动。"③ 然而，商品中凝结的人类劳动，就其存在来说，显然并不依赖于人的需要，甚至也不依赖于人。一件金首饰所凝结的人类劳动，即使人类灭亡了，它也照样凝结

---

① 朱狄：《当代西方美学》，人民出版社，1984年版，第172页。
② 朱狄：《当代西方美学》，人民出版社，1984年版，第173页。
③ 马克思：《资本论》第一卷，中国社会科学出版社，1983年版，第27页。

在该金首饰中。因此,如果商品价值是凝结在商品中的一般人类劳动,那么,商品价值就不依赖人的需要而为商品独自具有,就是商品的一种可以离开人而独立存在的事实,就是商品的固有属性。马克思也确实认为价值是商品的固有属性:"生产使用物所耗费的劳动,表现为这些物固有的性质,即它的价值。"[1]

商品价值实在论之错误,显然在于把商品价值等同于劳动等商品价值实体。因为,"劳动等生产要素及其产品",乃是商品价值的源泉和实体,而并不是商品价值。商品价值乃是"劳动等生产要素及其产品"对人的需要的效用:商品使用价值是"劳动等生产要素及其产品"对消费需要的边际效用,商品交换价值则是商品的这种边际效用对交换需要的效用。

4. 主观论

元伦理学的"主观论",亦即"元伦理主观论"(Metaethical Subjectivism),乃是认为善和价值存在于主体中的元伦理证明理论,说到底,也是一种关于伦理学价值存在公理和道德价值存在公设的证明理论。主观论观点的代表当推培里(R.B.Perry)、詹姆斯(W.James)、马奇(J.L.Mackie)以及洛德·卡门斯(Lord.Kames)和高尔泰。主观论比实在论离真理更远。诚然,一方面,它正确地看到客体自身不存在应该、善、美、价值:主体的需要、欲望、目的存在,应该、善、美、价值才存在。主体的需要、欲望、目的不存在,应该、善、美、价值便不存在。但是,它却由此得出错误结论:主体的需要、欲望、目的是应该、善、美、价值产生和存在的源泉,应该、善、美、价值存在于主体的需要、欲望、目的之中,是主体的需要、欲望、目的之机能和属性。因而也就没有什么客观的应该、善、美、价值,应该、善、美、价值是一种完全主观的

---

[1] 马克思:《资本论》第一卷,中国社会科学出版社,1983年版,第39页。

第四章　元伦理证明：伦理学的价值存在公理和道德价值存在公设　　175

东西。

高尔泰便这样写道："有没有客观的美呢？我的回答是否定的。"① 因为"美，只要人感受到它，它就存在；不被人感受到，它就不存在"②。所以，"人的心灵，是自然美之源泉，也是艺术美之源"③。洛德·卡门斯亦如是说："美并不存在于被爱者身上，而存在于爱者的眼睛里。"④ 培里也曾这样写道："价值就其最根本的意义来说，必须被看作意志或爱的机能。"⑤ "就最初的和一般的意义来说，当一个事物（任何事物）是一种兴趣（任何兴趣）的客体的时候，它就拥有价值，或是有价值的。"⑥ 詹姆斯也说："我们周围的世界似乎具有的那些价值、兴趣或意义，纯粹是观察者的心灵送给世界的礼物。"⑦

确实，客体自身不存在应该、善、美、价值：它们是客体与主体的需要、欲望、目的发生关系时产生的。因此，离开主体的需要、欲望、目的，它们便不存在。有了主体的需要、欲望、目的，它们才存在。但是，由此不能说它们存在于主体的需要、欲望、目的中，而只能说它们存在于客体中。因为它们是在客体事实属性与主体的需要、欲望、目的发生关系时，从客体的事实属性中——而不是从主体的需要、欲望、目的中——产生的属性。主体的需要、欲望、目的只是它们从客体事实属性中产生的条件，只是它们存在的条件。客体事实属性才是它们产生的源泉、存在的源泉。主观论的错误就在于把应该、善、美、价值产生和存在的条件当作了应该、善、美、价值产生和存在的源泉。

---

① 高尔泰：《论美》，甘肃人民出版社，1982年版，第1页。
② 高尔泰：《论美》，甘肃人民出版社，1982年版，第4页。
③ 高尔泰：《论美》，甘肃人民出版社，1982年版，第33页。
④ 朱狄：《当代西方美学》，人民出版社，1984年版，第172页。
⑤ Ralph Barton Perry: General Theory of Value its meaning And Basic Principles Construed In Terms Of Interest, Longmans,Green And Company 55 Fifth Avenue, New York, 1926, p.54.
⑥ R.B.Perry:Realms of Value, Cambridge, Mass, 1954, p.2.
⑦ 罗尔斯顿：《环境伦理学》，中国社会科学出版社，2000年版，第151页。

另一方面，元伦理主观论正确地看到应该、善、价值的存在被主体特殊的需要、欲望、目的决定，因而具有特殊性、相对性、主观性。它们是依主体不同的欲望、愿望、意志而转移的，是因主体的需要不同而不同的。但是，它却由此得出错误结论：应该、善、美、价值完全是主观的，没有客观的应该、善、美、价值。马奇一再说："没有客观价值。""价值不是客观的，不是世界结构的一部分。"[1] "源于相对性的论据可以作为'没有客观价值'结论的前提。这些前提也就是众所周知的道德规范的易变性——从一个社会到另一个社会和从一个时期到另一个时期——和道德信仰的不同。在一个复杂的共同体中的不同的群体和阶级之间……一些人认为某些东西是善或正当，另一些人则以为是恶或不正当。"[2] 杜卡斯也这样写道：美是纯粹主观的，因为"美的最为众所周知的事实之一就是它的易变性：一个人说美，另一个人则说不美，一个人可以把昨天还被他判断为美的东西，在今天则判断为是单调的，或今天判断为美的，明天也许判断为是单调的，甚至是丑的"[3]。

元伦理主观论这一论证的错误显然在于片面性。它只看到，一方面，应该、善、价值的存在，被主体的可以主体的意志为转移的特殊需要欲望目的决定，因而具有主观性、特殊性和相对性。它们是以主体的欲望、愿望、意志为转移的，是因主体需要的不同而不同的。但是，主观论没有看到，另一方面，应该、善、价值的存在，同时还被客体的事实属性（白菜有价值取决于白菜所具有的那些不以人的意志为转移的客观事实属性，如含有蛋白质、脂肪、碳水化合物、钙、胡萝卜素、核黄素等）和主体的不以主体意志为转移的普遍需要、欲望、目的（口之于味，有同嗜焉）决定，因而具有客观性、普遍性和绝对性。它们是不以主体的欲

---

[1] J.L.Mackie: Ethics:Inventing Right and Wrong , Singapore Ricrd Clay Pte Ltd, 1977, p.15.
[2] J.L.Mackie: Ethics:Inventing Right and Wrong , ingapore Ricrd Clay Pte Ltd., 1977, pp.36~37.
[3] 朱狄：《当代西方美学》，人民出版社，1984年版，第205页。

望、愿望、意志为转移的，是对于任何主体都是一样的而并不因主体的不同而不同。

5. 关系论

元伦理学的关系论，亦即元伦理主客关系论或主客统一论，是认为善和价值存在于客体与主体的关系之中的元伦理证明理论，说到底，也是一种关于伦理学价值存在公理和道德价值存在公设的证明理论。关系论的代表，有文德尔班、兰菲尔德（H.S.Langfeld）、朱光潜、李德顺。关系论貌似真理，因为它正确地看到"在孤立的主体或客体身上都不存在着价值"[①]，于是便得出结论说：应该、善、美、价值必产生于、存在于客体与主体的关系之中，是一种主客关系。文德尔班写道："价值决不是作为客体自身的某种特性而被发现的。它存在于与某个欣赏它的心灵的关系之中。"[②] 兰菲尔德说：美"既不完全依赖于人的经验，也不完全依赖于被经验的物。它既不是主观的，也不是客观的，既不是一种纯粹的智力活动的结果，也不是客观对象的一种固有价值，而是这两方面变化无常的关系，即人的机体和客观对象之间的关系"[③]。朱光潜写道："美是客观与主观的统一"，[④]"美……它在心与物的关系上"[⑤]。"所谓'价值'都是由于物对于人的关系所发生出来的。"[⑥] 李德顺说："价值，既不在现实的世界、事物之外，又不是任何既成的现实事物和它们的属性本身，同时又不是人头脑和心灵的主观现象。那么，它在哪里呢？回答是：价值存在于主客体之间的关系之中，是这种客观关系的状态、内容本身。这种

[①] 李德顺：《价值论》，中国人民大学出版社，1987年版，第124页。
[②] 罗尔斯顿：《环境伦理学》，中国社会科学出版社，2000年版，第150页。
[③] 朱狄：《当代西方美学》，人民出版社，1984年版，第215页。
[④]《朱光潜美学文集》第三卷，上海文艺出版社，1982年版，第43页。
[⑤]《朱光潜美学文集》第一卷，上海文艺出版社，1982年版，第153页。
[⑥]《朱光潜美学文集》第一卷，上海文艺出版社，1982年版，第148页。

观点，可以叫'关系说'。"[①]

关系论虽然得到我国学术界很多学者认可，却并非真理。因为价值是"客体与主体需要发生关系时所产生的属性"，而不是"在客体与主体的关系中产生的属性"。价值是"客体的关系属性"，而不是"客体与主体的关系"：它们根本不同。价值是"客体与主体需要发生关系时所产生的属性"，意味着价值产生于、存在于客体，是客体的关系属性。反之，价值是"在客体与主体的关系中产生的属性"，则意味着价值产生于、存在于主客关系，是一种主客关系。价值是"客体的关系属性"，意味着价值产生于、存在于客体，是客体的关系属性。反之，价值是"客体与主体的关系"，意味着价值产生于、存在于主客关系，是一种主客关系。

关系论的错误就在于把"价值是客体的关系属性"说成是"价值是客体与主体的关系"，把"价值是客体在与主体发生关系时产生的"说成是"价值是在客体与主体的关系中产生的"，从而以为价值产生于、存在于主客关系，是一种主客关系。照此来说，面包的营养价值并不存在于面包里，而存在于面包与人的关系里，并不是面包有营养，而是面包与人的关系有营养，我享用的并不是面包的营养，而是面包与我的关系，岂不荒谬绝伦？

综观关于伦理学存在公理和公设的四大元伦理证明理论，可知唯有温和客观论是真理："应该""善""价值"存在于客体之中；但是，离开主体，客体自身并不存在"应该""善""价值"——客体是其存在的源泉，主体是其存在的条件。实在论——极端客观论——和主观论以及关系论都是夸大客观论这一真理的某些方面而导致的错误。实在论夸大应该、善、价值产生的源泉和存在的实体方面，因而只看到客体是应该、善、

[①] 李德顺：《价值新论》，中国青年出版社，1993年版，第68页。

美、价值产生的源泉和存在的实体，而抹杀主体是应该、善、美、价值产生的条件和存在的标准，从而误以为善和价值是客体的一种可以离开主体而独立存在的事实。主观论则夸大应该、善、价值产生和存在的条件方面，因而把应该、善、价值产生和存在的条件当作了应该、善、价值产生和存在的源泉，从而误以为应该、善、价值存在于主体中。关系论则把"价值是客体的关系属性"夸大成"价值是客体与主体的关系"，把"价值是客体在与主体发生关系时产生的"夸大成"价值是在客体与主体的关系中产生的"，从而误以为应该、善、价值产生于、存在于主客关系，是一种主客关系。

第五章
元伦理证明：伦理学的推导公理和推导公设

本章提要

优良的、好的、对的、正确的道德规范是与行为道德价值相符的道德规范。恶劣的、坏的、不对的、不正确的道德规范是与行为道德价值不相符的道德规范。因此，道德规范虽然都是人制定的，但是，只有恶劣的、坏的、不对的、不正确的道德规范才可以随意制定。反之，优良的、好的、对的、正确的道德规范绝非可以随意制定，而只能根据"行为应该如何的道德价值"——"行为事实如何"对于"道德目的"的效用——推导、制定出来，说到底，只能通过道德目的，从行为事实如何中推导、制定出来。因此，所制定的行为应该如何的道德规范之优劣，直接来说，取决于对行为应该如何的道德价值判断之真假；根本来说，则一方面取决于行为事实如何的事实判断之真假，另一方面取决于道德目的判断之真假。这就是能够推导出伦理学全部命题的"伦理学的优良道德规范推导公设"，可以归结为一个公式：

前提1：行为事实如何（道德价值实体）
前提2：道德目的（道德价值标准）

结论1：行为应该如何（道德价值）

结论 2：道德规范之优劣（道德规范是否与道德价值相符）

伦理学的价值存在公理与道德价值存在公设的分析，使我们弄清了"价值""善""应该"与"正当"产生的"源泉和条件"及其存在的"实体和标准"。从此出发，便可以解析它们的产生和推导的过程了。它们的产生和推导过程，也就是元伦理学家所说的"价值"与"善"以及"应该"与"正当"的"推导逻辑"，说到底，亦即所谓"休谟难题"："应该"能否从"是"推导出来？

对于这一难题的解析和破解，便形成了"伦理学的推导公理和推导公设"。不过，"价值""善""应该如何"从"是""事实""事实如何"产生和推导过程，并非单纯的、单一的过程，而是个复杂的、复合的过程：是从"价值"到"评价"再到"评价真假对错"而终结于"优良规范"的四重过程。因此，伦理学的推导公理和推导公设也就相应地分为：（1）伦理学的价值推导公理和道德价值推导公设，（2）伦理学的评价推导公理和道德评价推导公设，（3）伦理学的评价真假对错推导公理和道德评价真假对错推导公设，（4）伦理学的优良规范推导公理和优良道德规范推导公设。

一、伦理学的价值推导公理和道德价值推导公设

1. 休谟难题之答案

18 世纪 30 年代，英姿勃发、年方 24 岁的休谟在《人性论》中写出了伦理学等一切价值科学史上最伟大的发现："在我所遇到的每一个道德体系中，我一向注意到，作者在一时期中是照平常的推理方式进行的，确定了上帝的存在，或是对人事作一番议论；可是突然之间，我却大吃一惊地发现，我所遇到的不再是命题中通常的'是'与'不是'等联系词，而是没有一个命题不是由一个'应该'或一个'不应该'联系起来

的。这个变化虽是不知不觉的,却是有极其重大的关系的。因为这个应该与不应该既然表示一种新的关系或肯定,所以就必须加以论述和说明;同时对于这种似乎完全不可思议的事情,即这个新关系如何能由完全不同的另外一些关系推出来的,也应该指出理由加以说明。不过作者们通常既然不是这样谨慎从事,所以我倒想向读者们建议要留神提防;而且我相信,这样一点点的注意就会推翻一切通俗的道德学体系。"①

这就是所谓"休谟难题"或"休谟法则":"应该"能否从"是(事实)"产生和推导出来?它是元伦理学的最重要、最基本的问题,是伦理学能否成为科学的关键,也是伦理学等一切价值科学的根本问题。赫德森说:"道德哲学的中心问题,乃是那著名的是—应该问题。"② 但是,这一问题的难度之大,竟至从休谟起一直到19世纪末,没有一人能对其进行系统论述。

1903年,摩尔发表了标志元伦理学诞生的划时代著作《伦理学原理》,系统论述了这个问题。但是,充其量,他也只是揭示了以往伦理学在这个问题上的所谓"自然主义谬误",而并没有正面解析这个难题。从那以后,百余年来,伦理学等价值科学家们对这个难题进行了大量研究。麦金泰尔、福特、艾伦·吉沃思(Alan Gewirth)、J.L.马奇、马克斯·布莱克(Max Black)等人或许已接近解决该难题。因为他们或多或少、或明或暗地指出,应该如何是通过"主体的需要、欲望和目的"而从事实如何产生和推导出来的。③ 不过,说得比较清楚的恐怕只有布莱克。他这样写道:

---

① 休谟:《人性论》下册,商务印书馆,1983年版,第509页。
② W.D.Hudson: The Is — Ought Question:A Collection of Papers on the Central Problem in Moral Philosophy, ST.Martin's Press, New York, 1969, p.11.
③ W.D.Hudson: The Is — Ought Question, pp.41, 227, 102; J.L.Mackie: Ethics :Inventing Right and Wrong Singapore Richrd Clay Pte Ltd.,1977, p.66;George Sher: Moral Philosophy:Selected Readings Harcourt Brace Jovanovich ,Publishers, New York, 1987, p.329。

"对于那些宣称在'应该'和'是'之间的逻辑断裂不存在桥梁的人，我提出一个反例证：

"费希尔想要将死伯温克。

"对于费希尔来说，将死伯温克唯一的棋步是走王后。

"因此，费希尔应该走王后。"①

为了进一步诠释这个例证，布莱克又提出一个推理：

"你要达到 E。

"达到 E 的唯一方法是做 M。

"因此，你应该做 M。"②

通过分析这些推论，布莱克得出结论说："事实如何的前提与应该如何的结论之间有一断裂，连接这一断裂的桥梁只能是当事人从事相关活动或实践的意愿。"③ 这就相当清晰地指出了"应该如何"是通过"主体的需要、欲望和目的"而从"事实如何"产生和推导出来的：

客体之事实如何→主体的需要、欲望和目的→客体应该如何

布莱克此见甚为精当。因为，不言而喻，应该、善、价值之产生和推导过程，说到底，不过是关系属性的产生和推导过程的特例，完全隶属于关系属性的产生和推导的普遍过程，因而可以从关系属性产生和推导的普遍过程演绎出来。不难看出，关系属性与固有属性的产生和推导过程显然不同：固有属性不需要中介，而直接产生和存在于某实体；关

---

① W.D.Hudson: The Is — Ought Question:A Collection of Papers on the Central Problem in Moral Philosophy, ST.Martin's Press, New York, 1969, p.102.
② W.D.Hudson: The Is — Ought Question:A Collection of Papers on the Central Problem in Moral Philosophy, ST.Martin's Press, New York, 1969, p.106.
③ W.D.Hudson: The Is — Ought Question:A Collection of Papers on the Central Problem in Moral Philosophy, ST.Martin's Press, New York, 1969, p.111.

系属性则需要关系物的中介，通过中介而间接产生和存在于某实体。例如，质量是一物体的固有属性，它不需要任何中介，而直接产生和存在于该物体。重量是一物体的关系属性，它需要地心引力的中介，而间接地产生和存在于该物体。于是，二者产生和推导的过程可以归结为两个公式：

公式1　固有属性推理：物体→质量
公式2　关系属性推理：物体→地心引力→重量

推此可知，客体的关系属性与客体的固有属性的产生和推导过程不同：固有属性不需要主体的中介，而自身直接产生和存在于客体；关系属性则需要主体的中介，通过主体的中介而间接产生和存在于客体。例如，电磁波是客体固有属性，它不需要主体的眼睛的中介，而完全直接地产生和存在于客体。反之，黄、红等颜色，是客体关系属性，则需要主体的眼睛的中介，间接地产生和存在于客体。

同理，"价值""善""应该如何"，也是客体的关系属性，因而它们的产生和推导也需要主体的中介。只不过，黄、红等颜色是客体的事实关系属性，是第二性质，中介物是主体的某种客观物——眼睛，而价值、善、应该如何则是客体的价值关系属性，是第三性质，中介物主要是主体的某种主观的东西，如欲望、愿望、目的等。于是，黄、红等"颜色"与应该、善等"价值"的产生和推导的过程，可以归结为两个公式：

公式3　客体事实关系属性推理：客体→主体的眼睛→黄、红等颜色
公式4　客体价值关系属性推理：客体→主体的需要、欲望和目的→价值、善、应该如何

2. 休谟难题答案之证明：伦理学的价值推导公理

细究起来，布莱克关于休谟难题的答案——"应该如何"是通过"主体的需要、欲望和目的"而从"事实如何"产生和推导出来——之所以是正确的，乃是因为，如前所述，"伦理学的价值存在公理"表明：

"是、事实、事实如何"与"价值、善、应该如何"都是客体的属性。只不过，"是、事实、事实如何"是客体不依赖"主体需要、欲望和目的"而具有的属性，是客体无论与"主体需要、欲望和目的"发不发生关系都具有的属性，是客体的事实属性。反之，"价值、善、应该如何"则是客体依赖主体需要而具有的属性，是客体的"是、事实、事实如何"与主体的需要、欲望、目的发生关系时所产生的属性，是客体的"是、事实、事实如何"对主体的需要、欲望、目的的效用，是客体的关系属性：客体事实属性是"价值""善""应该"产生的源泉和存在的实体，主体需要、欲望、目的则是"价值""善""应该"从客体事实属性中产生和存在的条件，是衡量客体事实属性的价值或善之有无、大小、正负的标准。

因此，"价值、善、应该如何"产生于"是、事实、事实如何"，是从"是、事实、事实如何"推导出来的。不过，仅仅"是、事实、事实如何"自身绝不能产生"价值、善、应该如何"，因而仅仅从"是、事实、事实如何"绝不能推导出"价值、善、应该如何"。只有当"是、事实、事实如何"与"主体需要、欲望和目的"发生关系时，从"是、事实、事实如何"才能产生和推导出"价值、善、应该如何"，说到底，"价值、善、应该如何"，是通过主体的需要、欲望和目的，而从"是、事实、事实如何"产生和推导出来的："正价值、善、应该"就是"事实"符合"主体需要、欲望和目的"之效用，全等于"事实"对"主体需要、欲望和目的"之符合；"负价值、恶、不应该"就是"事实"不符合"主体需要、欲望和目的"之效用，全等于"事实"对"主体需要、欲望和目的"之不符合。举例说：

人类是主体，燕子是客体。于是，"燕子吃虫子"与"燕子是具有正价值的善的鸟"都是客体燕子的属性。只不过，"燕子吃虫子"是燕子独自具有的属性，是无论是否与人的需要、欲望、目的发生关系都具有的属性，是燕子的事实属性。反之，"燕子是具有正价值的善的鸟"则不是燕子独自具有的属性，而是"燕子吃虫子"的事实属性与人的需要、欲望、目的发生关系时所产生的属性，是"燕子吃虫子"的事实属性对人的需要、欲望、目的之效用，是燕子的关系属性："燕子吃虫子"的事实属性是"燕子是具有正价值的善的鸟"产生的源泉和存在的实体；"人类有消除虫子的需要、欲望、目的"则是"燕子是具有正价值的善的鸟"从"燕子吃虫子"的事实属性中产生和存在的条件，是衡量"燕子吃虫子"的事实属性好坏的价值标准。因此，"燕子是具有正价值的善的鸟"，便是通过"人类消除虫子的需要、欲望、目的"，从"燕子吃虫子"这一事实中产生和推导出来的："燕子是具有正价值的善的"就是"燕子吃虫子"事实符合"人类消除虫子的需要、欲望、目的"之效用。这个案例可以归结为一个公式：

前提1：燕子吃虫子（事实如何：价值实体）
前提2：人类有消除虫子的需要（主体需要、欲望和目的如何：价值标准）

结论：燕子是具有正价值的善的鸟（价值）

可见，所谓"价值、善、应该如何"，说到底，不过是客体的"是、事实、事实如何"对主体的需要、欲望、目的相符与否的效用。因此，"价值、善、应该如何"，是通过主体的需要、欲望和目的，而从"是、事实、事实如何"产生和推导出来的:"正价值、善、应该"就是"事实"符合"主体需要、欲望和目的"之效用,全等于"事实"对"主体需要、欲望和目的"之符合;"负价值、恶、不应该"就是"事实"不符合"主体需要、欲望和目的"之效用,全等于"事实"对"主体需要、欲望和目的"之不符合。

这就是"休谟难题"——"应该"能否从"是(事实)"产生和推导出来——之答案,这就是"价值、善、应该如何"的产生和推导的过程,这就是"价值、善、应该如何"的推导方法,这就是"价值、善、应该如何"的发现和证明方法,这就是"伦理学的价值推导公理",说到底,亦即普遍适用于伦理学和国家学以及中国学等一切"价值科学的价值推导公理":"价值科学的价值推导公理"与"伦理学的价值推导公理"以及"国家学的价值推导公理"与"中国学的价值推导公理"是同一概念。这一公理可以归结为一个公式:

前提1:事实如何(价值实体)
前提2:主体需要、欲望和目的如何(价值标准)

结论:应该如何(价值)

3. 伦理学的道德价值推导公设

伦理学的价值推导公理是一切应该、善、价值的普遍的推导方法,是普遍适用于一切价值科学的价值推导方法。如果将其推演于道德应该、道德善、道德价值领域,我们便会发现道德应该、道德善、道德价值所特有的推导方法,亦即只对伦理学有效的"伦理学的道德价值推导公设"。那么,只对伦理学有效的"伦理学的道德价值推导公设"究竟是怎样的?

在道德应该、道德善、道德价值领域，社会是活动者，亦即制定道德的活动者，因而是主体。社会制定道德的目的，亦即道德目的，是主体活动目的。客体则是社会制定的道德所规范的对象，是可以进行道德评价的一切行为。这样，如果将普遍适用于一切应该、善、价值领域的伦理学价值推导公理，推演于道德应该、道德善、道德价值领域，便可以得出结论说：

行为应该如何的道德价值，是行为事实如何对于道德目的之相符与否的效用。因此，行为应该如何的道德价值，是通过道德目的，从行为事实如何中产生和推导出来的。行为应该如何就是行为事实如何符合道德目的之效用，全等于行为事实如何对道德目的之相符。行为不应该如何就是行为事实如何不符合道德目的之效用，全等于行为事实如何对道德目的之相违。

这就是行为应该如何从行为事实如何之中产生和推导出来的过程，这就是道德应该、道德善和道德价值所特有的推导方法，这就是道德应该、道德善和道德价值所特有的发现和证明方法，这就是只对伦理学有效的"伦理学的道德价值推导公设"，可以归结为一个公式：

前提1：行为事实如何（道德价值实体）
前提2：道德目的如何（道德价值标准）

结论：行为应该如何（道德价值）

举例说，"张三不该杀人"是张三杀人事实对道德目的的效用。因此，张三不该杀人，便是通过道德目的，从张三杀人事实中产生和推导出来的："张三不该杀人"全等于"张三杀人事实不符合道德目的——保障社会存在发展和增进每个人利益——之效用"。这就是伦理学的道德价值推导公设的一个实例，可以归结为一个公式：

前提1：张三杀人了（行为事实如何：道德价值实体）
前提2：道德目的是保障社会存在发展和增进每个人利益（道德目的如何：道德价值标准）

结论：张三不应该杀人（行为应该如何：道德价值）

最早发现这一伦理学公设者，既不是第一个构建伦理学公理化体系的斯宾诺莎，也不是倡导寻求"道德几何学"的罗尔斯，而是大物理学家爱因斯坦。他那篇极富原创性的《科学定律和伦理定律》，曾论证所有伦理学命题都能从几个初始命题推导出来。因此，这几个初始命题就是"伦理学公设"，他称为"伦理学公理"。他将这几个初始命题归结为"保障社会合作""人类的生活应当受到保护"和"苦痛和悲伤应当尽可能减少"，说到底，也就是道德目的，亦即"保障社会存在发展"和"增进每个人利益"：

"只要最初的前提叙述得足够严谨，别的伦理命题就都能由它们推导出来。这样的伦理前提在伦理学中的作用，正像公理在数学中的作用一样。这就是为什么我们根本不会觉得提出'为什么我们不该说谎？'这类问题是无意义的。我们之所以觉得这类问题是有意义的，是因为在所有这类问题的讨论中，某些伦理前提被默认为是理所当然的。于是，只要我们成功地把这条伦理准则追溯到这些基本前提，我们就感到满意。在关于说谎这个例子中，这种追溯的过程也许是这样的：说谎破坏了对别人的讲话的信任。而没有这种信任，社会合作就不可能，或者至少很困难。但是要使人类生活成为可能，并且过得去，这样的合作就是不可缺少的，这意味着，从'你不可说谎'这条准则可追溯到这样的要求：

'人类的生活应当受到保护'和'苦痛和悲伤应当尽可能减少'。但这些伦理公理的根源是什么呢？"①

二、伦理学的评价推导公理和道德评价推导公设

1. 价值判断的产生和推导过程

"价值、应该如何"从"是、事实如何"之中产生和推导过程的考察，使价值判断如何产生和推导于事实判断的过程一目了然。因为事实判断与事实认识显然大体是同一概念，都是人们对于"是""事实""事实如何"的认识，是大脑对"是""事实""事实如何"的反映。反之，价值判断与价值认识、认知评价则大体是同一概念，都是人们对于"价值""善""应该""应该如何"的认识，是大脑对价值、善、应该的反映。这样，既然价值、应该、善可以从是、事实中推导出来，那么，价值判断无疑可以从事实判断中推导出来。

但是，黑尔认为，价值判断绝不能从事实判断中推导出来。因为在他看来，价值判断只能通过祈使句表达，而祈使句的逻辑规则是："从一组不包含至少一个祈使句的前提，不能正确地推出祈使句结论。"② 所以，"从一系列的关于'客体的任何特征'之陈述句中，不能推导出关于应做什么的祈使句，因而也不能从这种陈述句中推导出道德判断"③。

对此，约翰·R.塞尔（John R.Searle）举出一个反例证：

"（1）琼斯说：'我特此许诺付给你，史密斯，五元。'

（2）琼斯许诺付给史密斯五元。

（3）琼斯置自己于付给史密斯五元的义务之下。

（4）琼斯负有付给史密斯五元的义务。

---

① 《爱因斯坦文集》第3卷，商务印书馆，1976年版，第280页。
② R.M.Hare: The Language of Morals ,Oxford University Press Amen House, London, 1964, p.30.
③ R.M.Hare: The Language of Morals ,Oxford University Press Amen House, London, 1964, p.28.

(5)琼斯应该付给史密斯五元。"①

这是一个在元伦理学界引起众多争议的著名例证。G.H.沃赖特（G.H.von Wright）将它压缩如下：

前提1：A 许诺做 P
前提2：由于许诺做 P，A 置自己于做 P 的义务之下

结论：A 应该做 P ②

显然，这两组推理的前提都是陈述句，结论却是祈使句，因而便推翻了黑尔"从纯粹的陈述句不能推出祈使句"的逻辑规则。但是，这两组推理却不能推翻黑尔"从纯粹的事实判断不能推出价值判断"的观点。因为价值判断并非如黑尔所说，只有通过祈使句才能表达；价值判断也可以通过陈述句表达。第一组推理的（1）和（2）以及第二组推理的前提1，都是陈述句，反映的也是琼斯许诺付给史密斯5元的事实，因而都是事实判断。但是，第一组推理的（3）和（4）以及第二组推理的前提2，虽然也是陈述句，反映的却是琼斯负有付给史密斯5元的义务，因而是义务判断、价值判断，而不是事实判断。这样，这两组推理的前提虽然都是陈述句，却不都是事实判断，而至少都含有一个价值判断。因此，这两组推理只能驳倒黑尔"从纯粹的陈述句不能推出祈使句"的逻辑规则，却不能推翻他的"从纯粹的事实判断不能推出价值判断"的观点。所以，G.H.沃赖特说："塞尔并没有表明从'是'可以推出'应该'，而只是表明从一个'是'和一个'应该'的结合可以推出一个'应

---

① W.D.Hudson: The Is — Ought Question:A Collection of Papers on the Central Problem in Moral Philosophy, ST.Martin's Press, New York, 1969, p.121.
② M.C.Doeser and J.N.Kraay: Facts and Values, Martinus Nijhoff Publishes, Boston, 1986, p.33.

该'。"① 那么，究竟从纯粹事实判断能否推出价值判断？

图尔闵的回答是肯定的。他在《推理在伦理学中的地位》中，发觉道德价值判断是通过道德目的——他称为"道德功能"——判断，从事实判断推导出来的。他一再说，道德的目的或功能是减少人际利害冲突、实现每个人的欲望和幸福。② 于是，一种习惯是否正当的道德判断，便是从该习惯是否减少利害冲突、增进幸福的事实判断中推导出来的：

"我们对于道德功能的研究，使我们发现了道德判断的法则。……当然，'这是在该环境下可达到最小利益冲突的习惯'和'这是正当的习惯'含义并不一样；'这是比较和谐如意的生活方式'和'这是比较好的生活方式'，所指的意思也不相同。但是，在这两组判断中，第一个都是第二个的充足理由：'道德上中性'的事实是'动词形容词'之道德判断的一个充足理由。如果该习惯真会减少利益冲突，它就是一个值得采纳的习惯。如果该生活方式真会导致更为深远和一致的幸福，它就是一种值得追求的生活方式。假如把道德功能判断记在心中，那么，这个道理显然是十分自然而可以理解的。"③

诚哉斯言！因为价值判断与事实判断都属于认识范畴，都是大脑对客体属性的反映，都以客体属性为对象。只不过，事实判断的对象是"是""事实""事实如何"，也就是客体的事实属性，是客体的不依赖主体需要、欲望、目的而存在的属性，是客体不论与主体需要、欲望、目的发生关系还是不发生关系都具有的属性。反之，价值判断的对象则是"价值""善""应该""应该如何"，也就是客体事实属性与主体需要、欲望、目的发生关系时所产生的关系属性，是客体的依赖主体需要、欲望、

---

① M.C.Doeser and J.N.Kraay: Facts and Values, Martinus Nijhoff Publishes, Boston, 1986, p.41.
② Stephen Edelston Toulmin: The Place of Reation in Ethics, The University of Chicago Press, 1986, p.137.
③ Stephen Edelston Toulmin: The Place of Reation in Ethics, The University of Chicago Press, 1986, p.224.

目的而存在的属性，是客体的事实属性对主体需要、欲望、目的相符与否的效用。

因此，价值判断便产生于事实判断，是从事实判断中推导出来的。只不过，仅仅事实判断自身绝不能产生和推导出价值判断。只有当事实判断与关于主体需要、欲望、目的的判断发生关系时，从事实判断中才能产生和推导出价值判断，说到底，价值判断是通过主体需要、欲望、目的的判断，而从事实判断产生和推导出来的：肯定的价值判断等于事实判断与主体需要、欲望、目的判断之相符，否定的价值判断等于事实判断与主体需要、欲望、目的判断之相违。

举例说，"张三杀人了"是事实判断，它所反映的对象，便是张三杀人的行为事实，是张三杀人的行为（客体）不依赖社会创造道德的目的（主体的目的）而独自具有的属性，是张三杀人的行为无论与道德目的发生关系还是不发生关系都具有的属性。反之，"张三不该杀人"是道德价值判断，它所反映的对象则是张三杀人的道德价值，是张三杀人的行为独自不具有的属性，是张三杀人的行为事实与道德目的发生关系时所产生的关系属性，是张三杀人的行为事实对道德目的相符与否的效用。

因此，"张三不应该杀人"的价值判断便产生于"张三杀人"的事实判断，是从"张三杀人"的事实判断推导出来的。只不过，仅仅从"张三杀人"事实判断自身绝不能产生和推导出"张三不应该杀人"的道德价值判断；只有当"张三杀人"的事实判断与道德目的判断发生关系时，从"张三杀人"的事实判断才能产生和推导出"张三不应该杀人"的道德价值判断，说到底，"张三不应该杀人"的道德价值判断是通过道德目的判断，而从"张三杀人"的事实判断产生和推导出来的："张三不应该杀人"的价值判断等于"张三杀人"的事实判断与道德目的判断之相违。

可见，价值判断所反映的对象是价值，说到底，亦即客体的事实属性对主体需要、欲望、目的的相符与否之效用。于是，价值判断（认知评价）便是通过主体需要、欲望、目的判断，而从事实判断产生和推导出来的：肯定的价值判断（认知评价）等于事实判断与主体需要、欲望、目的判断之相符；否定的价值判断（认知评价）等于事实判断与主体需要、欲望、目的判断之相违。这就是价值判断（认知评价）的产生和推导的过程，这就是价值判断（认知评价）的推导方法，这就是价值判断（认知评价）的发现和证明方法，这就是应该、善和价值的认识论发现、证明和推导方法。我们可以把它归结为一个公式而名为"价值判断（认知评价）的推导公式"：

前提1：事实判断
前提2：主体需要、欲望和目的判断

结论：价值判断（认知评价）

2. 伦理学的评价推导公理

情感评价、意志评价和行为评价，是否与价值判断、认知评价一样，可以通过关于主体的需要、欲望、目的判断，从事实判断中产生和推导出来？是的。因为现代心理学表明，认知是感情和意志的基础，因而认知评价是情感评价、意志评价和行为评价的基础：情感评价、意志评价和行为评价是从认知评价或价值判断中产生和推导出来的。

这是千真万确的。因为情感无疑是伴随感觉（感性认知）而发生的，没有感觉、认知，显然便没有情感。天生的盲人不可能有观赏夕阳西下之情怀，天生的聋人不可能有聆听贝多芬交响乐之激情。我们对什么事物的价值发生感情评价、意志评价和行为评价，显然首先必须知道它是什么，必须看到它、嗅到它、听到它、摸到它、感知到它，进而理解它：必须先有认知和认知评价、价值判断，而后才能有感情评价、意志评价

和行为评价。

我们岂不只有先看到虎，知道它能吃人，在这种认知和认知评价、价值判断的基础上，才会产生"恐惧"的情感评价和"决定逃跑"的意志评价以及"逃跑"的行为评价？初生牛犊不怕虎，岂不正是因为它不知道虎的厉害？认知评价、价值判断是情感评价、意志评价和行为评价的基础，其理至明矣！所以，情感评价和意志评价以及行为评价跟价值判断是一致的，是以价值判断或认知评价为基础而从中产生和推导出来的。这样一来，一切评价，说到底，便与价值判断一样，最终都是通过关于主体的需要、欲望、目的判断，从事实判断中产生和推导出来。

试想，我们看见苍蝇，为什么不禁有一种厌恶之情（感情评价），思量着打死它（意志评价），最终将它打死（行为评价）？岂不就是因为，我们知道，健康是人类基本需要（主体需要、欲望和目的判断），而苍蝇传播细菌（事实判断），具有不符合人类健康需要的效用，是坏的、恶的（认知评价、价值判断）。所以，一切评价最终都是通过主体的需要、欲望、目的判断，而从苍蝇传播细菌的事实判断中产生和推导出来的。

可见，情感评价、意志评价和行为评价都是从价值判断（认知评价）产生和推导出来；而价值判断所反映的对象是价值，亦即客体的事实属性对主体需要、欲望、目的相符与否的效用。于是，一切评价最终都是通过关于主体的需要、欲望、目的判断，从事实判断产生和推导出来：肯定的评价，说到底，等于事实判断与主体需要、欲望、目的判断之相符；否定的评价，说到底，等于事实判断与主体需要、欲望、目的判断之相违。这就是评价的产生和推导过程A，这就是评价的发现和证明方法A，这就是应该、善和价值的评价论发现、证明和推导方法A，可以归结为一个公式而名为"评价推导公式A"：

前提1：苍蝇传播细菌（事实判断）
前提2：健康是人类的基本需要（主体的需要、欲望、目的判断）

结论1：苍蝇传播细菌，不符合人类的健康需要，是坏的、恶的（认知评价、价值判断）
结论2：见到苍蝇会有一种厌恶之情（感情评价），不禁想打死它（意志评价），最终打死它（行为评价）

可是，为什么称为"评价推导公式A"，而不称为"评价推导公式"？原来，评价的两个前提——关于事实判断和主体的需要、欲望、目的判断——都是非价值判断、非评价性认识，有学者名之为"认知"，以与评价对立，这是不妥的。因为评价与认知并非对立或矛盾概念关系，而是交叉概念关系。这可以从两方面来看。一方面，在评价的外延中包括一部分认知——认知评价，因为如上所述，评价分为"认知评价""情感评价""意志评价""行为评价"。另一方面，在认知的外延中也包括一部分评价——评价性认知，因为如所周知，认知也分为评价性认知与非评价性认知。例如，"花是美的"便是评价性认知，"花是红的"则是非评价性认知。

可见，评价与认知是交叉关系而不是矛盾或对立关系。因此，不可以把非评价性认识、非价值判断叫作认知，以与评价对立。显然，我们应该沿用西方元伦理学术语而把非评价性认识叫作"描述"，以与评价对立。这样，所谓描述便是非评价性认识、非价值判断：它一方面是客体事实如何的描述，也就是事实判断、事实认识，是对客体事实如何的反映。另一方面则是主体描述，也就是主体判断、主体认识，是对主体的需要、欲望、目的的反映。

于是，虽然从事实判断中不能直接产生和推导出评价，但是，从描述中却可以直接产生和推导出评价。一个评价是由两个描述——客体事实如何之描述和主体需要、欲望、目的之描述——产生和推导出来的：肯定的评价等于事实描述与主体需要、欲望、目的描述之相符，否定的评价等于事实描述与主体需要、欲望、目的描述之相违。这就是评价的产生和推导的过程B，这就是评价的推导方法B，这就是评价的发现和证明方法B，这就是应该、善和价值的评价论发现、证明和推导方法B，可以把它归结为一个公式而名为"评价的推导公式B"：

前提1：苍蝇传播细菌（事实描述）
前提2：健康是人类的基本需要（主体的需要、欲望、目的描述）

结论1：苍蝇传播细菌，不符合人类的健康需要，是坏的、恶的（认知评价、价值判断）
结论2：见到苍蝇会有一种厌恶之情（感情评价），不禁想打死它（意志评价），最终打死它（行为评价）

综上可知，情感评价、意志评价和行为评价都是从价值判断（认知评价）中产生和推导出来，而价值判断所反映的对象是价值，亦即客体的事实属性对主体需要、欲望、目的相符与否的效用。于是，一切评价最终都是通过关于主体的需要、欲望、目的判断，从事实判断产生和推导出来：肯定的评价，说到底，等于事实判断与主体需要、欲望、目的判断之相符；否定的评价，说到底，等于事实判断与主体需要、欲望、目的判断之相违。换言之，一种评价是从两种描述——客体事实描述和主体需要描述——产生和推导出来的。肯定的评价等于事实描述与主体需要、欲望、目的描述之相符，否定的评价等于事实描述与主体需要、欲望、目的描述之相违。

这就是评价的产生和推导的过程，这就是评价的推导方法，这就是评价的发现和证明方法，这就是应该、善和价值的评价发现、证明和推导方法，这就伦理学的评价推导公理，说到底，亦即普遍适用于伦理学和国家学以及中国学等一切"价值科学的评价推导公理"："价值科学的评价推导公理"与"伦理学的评价推导公理"以及"国家学的评价推导公理"与"中国学的评价推导公理"是同一概念。这一公理可以归结为两个公式：

评价的推导公式 A：

前提1：事实判断
前提2：主体的需要、欲望、目的判断

结论1：价值判断、认知评价
结论2：情感评价和意志评价以及行为评价

评价的推导公式 B：

前提1：事实描述
前提2：主体需要、欲望、目的描述

结论1：认知评价、价值判断
结论2：感情评价、意志评价和行为评价

3. 伦理学的道德评价推导公设

在道德价值领域，社会是制定道德的活动者，是主体，社会制定道

德的目的，亦即道德目的，是主体活动目的。客体则是社会制定的道德所规范的对象，是可以进行道德评价的一切行为。这样一来，如果将普遍适用于一切应该、善和价值的伦理学评价推导公理，推演于道德应该、道德善、道德价值领域，便可以得出结论：情感道德评价、意志道德评价和行为道德评价都是从道德价值判断（认知道德评价）中产生和推导出来；而道德价值判断所反映的对象是道德价值，亦即行为事实如何对道德目的相符与否的效用。因此，一切行为应该如何的道德评价，最终都是通过道德目的判断，而从行为事实如何的判断中产生和推导出来的：肯定的道德评价等于行为事实判断与道德目的判断之相符，否定的道德评价等于行为事实判断与道德目的判断之相违。换言之，一种道德评价是从两种描述——行为事实的描述和道德目的的描述——中产生和推导出来的：肯定的道德评价等于行为事实描述与道德目的描述之相符，否定的道德评价等于行为事实描述与道德目的描述之相违。

这就是道德评价的产生和推导过程，这就是道德评价的推导方法，这就是道德评价的发现和证明方法，这就是仅仅适用于伦理学的道德评价推导公设，可以归结为两个公式：

道德评价推导公式 A：

前提 1：行为事实判断
前提 2：道德目的判断

结论 1：道德价值判断、认知道德评价
结论 2：感情道德评价、意志道德评价和行为道德评价

道德评价推导公式 B：

前提 1：行为事实描述
前提 2：道德目的描述

结论 1：认知道德评价、道德价值判断
结论 2：感情道德评价、意志道德评价和行为道德评价

举例说，我们知道张三虐待父母确凿无疑（事实判断、事实描述），为什么会有一种鄙视愤恨之情（感情道德评价），不禁想狠狠教训他一番（意志道德评价），最终狠狠地教训了他一番（行为道德评价）？岂不就是因为道德目的是保障社会存在发展和增进每个人的利益（道德目的判断、道德目的描述），而虐待父母违背道德目的，是不应该、不道德的，是缺德的、恶的（认知道德评价、道德价值判断）？所以，这一切道德评价最终便都是通过"道德目的判断"，而从"张三虐待父母"的事实判断产生和推导出来的：

前提 1：张三虐待父母（事实判断、事实描述）
前提 2：道德目的是保障社会存在发展和增进每个人的利益（道德目的判断、道德目的描述）

结论 1：张三虐待父母违背道德目的，是恶的、不道德的（认知道德评价、道德价值判断）
结论 2：见到张三虐待父母会有一种鄙视之情（感情道德评价），不禁想狠狠教训他一番（意志道德评价），最终狠狠地教训了他一番（行为道德评价）

三、伦理学的评价真假对错推导公理和道德评价真假对错推导公设

元伦理学范畴"评价"的研究表明,评价有真假对错之分。一方面,认知评价、价值判断有真假,有所谓真理性:相符为真,不符为假。另一方面,感情评价、意志评价和行为评价则无所谓真假,无所谓真理性,而只有所谓效用性,只有所谓对错好坏:有利于满足主体需要的效用,叫作"对""好""应该""正确";不利于满足主体需要的效用,叫作"错""坏""不应该""不正确":"对错"与"好坏"、"应该不应该"以及"正确不正确"是同一概念。

那么,评价究竟如何才能是真的、对的,而不是假的、错的?或者说,如何才能证明评价之真假对错?说到底,评价的真假对错的产生和推导过程是怎样的?对于这些问题的研究,就构成了伦理学的评价真假对错公理和道德评价真假对错公设。伦理学的评价真假对错公理和道德评价真假对错公设,无疑是伦理学的评价公理和道德评价公设的一种具体情形而蕴含于其中,因而也就不难从中推演出来。因此,我们就从评价公理和道德评价公设出发,首先来推演认知评价、价值判断之真假;然后进而推演一切评价真假对错的产生和推导过程。

1. 价值判断真理性的产生和推导过程

对于价值判断真假的证明问题,黑尔曾以如何判断、确证一种草莓是好草莓为例,进行了十分深刻的论证:"如果我们知道某种草莓所具有的一切描述性属性,如果我们还知道'好(good)'这个词的意思,那么,为了说明一种草莓是不是好草莓,我们还需要知道什么呢?问题一旦被这样提出来,答案就显而易见了。我们还需要知道的,无疑是赖以将一种草莓叫作好草莓的标准,或者说,使一种草莓成为好草莓的特征

是什么，或者说，好草莓的标准是什么。"①

这就是说，对于一种草莓是好草莓的确证，需要三个方面的知识：一是这种草莓事实如何的描述，二是好草莓的"好"是什么意识，三是草莓好坏的衡量标准。更确切些说，对于一种草莓是不是好草莓的价值判断真假之确证，需要解决三个问题：一是"草莓"好坏的价值判断是否与"草莓"的价值相符，二是对"草莓"事实如何的描述或事实判断之真假，三是对"草莓"好坏进行价值判断的标准——主体的需要、欲望、目的——的描述或判断之真假。

诚哉斯言！因为，如前所述，价值判断也就是对"价值"——"客体事实如何对主体需要欲望目的的效用"——的判断，因而是通过"主体需要欲望目的"的判断，而从"事实判断"产生和推导出的："肯定的价值判断"等于"事实判断与主体需要欲望目的的判断之相符"，"否定的价值判断"等于"事实判断与主体需要欲望目的的判断之相违"。因此，"价值判断之真假"，直接来说，取决于"价值判断"与"价值"是否相符。但是，根本来说，则一方面取决于"事实判断"之真假，另一方面取决于"主体需要欲望目的判断"之真假——如果二者都是真的，则由二者合乎逻辑地推导出的"价值判断"必真。如果所推导出的"价值判断"是假的，则它所由以推导出的"事实判断"和"主体需要欲望目的"判断必假：或者其一是假的，或者二者都是假的。举例说：

"鸡蛋有营养"的价值判断是真理，直接来说，是因为它符合鸡蛋的价值。根本来说，则一方面是因为"鸡蛋具有蛋白质"的事实判断是真理，另一方面则是因为"人体需要蛋白质"的主体需要判断是真理。二者都是真理，所以由二者合乎逻辑地推导出的"鸡蛋具有营养"的价值判断必定是真理。反之，如果关于鸡蛋的价值判断是谬误（比如说，认

---

① R.M.Hare: The Language of Morals ,Oxford University Press Amen House, London, 1964, p.111.

为鸡蛋没有营养价值），那么，直接来说，是因为它不符合鸡蛋的价值；根本来说，岂不必定是因为它所由以推导出的关于鸡蛋的"事实判断"和"主体需要判断"发生了错误（比如说，误以为鸡蛋没有蛋白质，或误以为人体不需要蛋白质）？

这就是应该、善和价值判断之真假的产生和推导过程，这就是价值判断、认知评价的真理性推导方法，这就是价值判断、认知评价的真理性的发现和证明方法，这就是应该、善和价值的真理论的发现、证明和推导方法，可以归结为一个公式：

前提1：事实判断之真假

前提2：主体需要欲望目的判断之真假

结论：价值判断之真假

价值判断之真假的产生和推导过程表明，一个价值判断或认知评价必定反映三个对象：直接来说，是反映评价对象事实如何对主体需要的效用，亦即评价对象的价值、应该、应该如何；根本来说，则一方面反映评价对象之事实如何，另一方面则反映主体的需要、欲望、感情和目的如何。因此，黑尔修正斯蒂文森关于价值判断具有情感和描述二重意义理论，认为任何一个价值判断都既具有一种评价意义，又具有一种描述意义，[1]是一个很大的进步，但又不够确切。确切地说，任何一个价值判断都具有一种评价意义和两种描述意义。它具有一种评价意义：对评价对象的价值、应该、应该如何之认知评价。又具有两种描述意义：对评价对象事实如何与主体的需要、欲望、感情和目的之描述。

---

[1] R.M.Hare: Essays On The Moral Concepts, University of California Press Berkeley and Los Angeles, 1973, pp.57~59。

因此，关于"价值""应该""善"的科学，比任何关于"是""事实"的科学都复杂得多。事实科学只由关于事实之一种认识构成，而价值科学则由关于价值和事实以及主体需要三种认识构成。事实科学的理论分歧，只是关于事实的认识之分歧。而价值科学的理论分歧，则包括三种分歧：直接来说，是关于评价对象的价值、应该、应该如何的认识之分歧；根本来说，则或是关于客体事实如何的认识之分歧，或是关于主体需要、感情和目的的认识之分歧，或是二者兼而有之。因此，斯蒂文森说伦理问题的分歧具有信念（亦即事实认识）和态度（亦即主体需要、感情的认识）二元性，是不确切的。确切地说，伦理分歧具有三元性：直接来说，是道德价值判断分歧，是对行为应该如何的认识之分歧；根本来说，则是描述分歧，或是对行为事实如何的描述之分歧，或是对道德目的的描述之分歧，或是二者兼而有之。

2. 评价真假对错推导公理

情感评价、意志评价和行为评价，如上所述，与认知评价或价值判断是一致的，是以认知评价、价值判断为基础而从中产生和推导出来的。因此，感情评价和意志评价以及行为评价之对错，也就决定于价值判断或认知评价之真假，而必定与之一致：价值判断或认知评价真（亦即与价值相符），情感评价和意志评价以及行为评价必对（亦即必定有利于满足主体需要欲望目的）；价值判断或认知评价假（亦即与价值不符），情感评价和意志评价以及行为评价必错（亦即必定不利于满足主体需要欲望目的）。

这样一来，一切评价之真假对错，便都取决于价值判断之真假，最终都取决于事实判断和主体需要欲望目的判断之真假——二者都是真的，则由二者合乎逻辑地产生和推导出的价值判断或认知评价必真（亦即必定与价值相符）、情感评价和意志评价以及行为评价必对（亦即必定有利于满足主体的需要、欲望、目的）；如果所推导出的价值判断或认知评价是假的（亦即与价值不相符）、情感评价和意志评价以及行为评价是错的（亦即有害于满足主体的需要、欲望、目的），则它们所由以推导出的事实判断和主体需要欲望目的判断必假：或者其一是假的，或者二者都是假的。

这就是评价真假对错的推导方法，这就是评价真假对错的发现和证明方法，这就是应该、善和价值的评价之真假对错的发现、证明和推导方法，这就是伦理学的评价真假对错的推导公理，说到底，亦即普遍适用于伦理学和国家学以及中国学等一切"价值科学的评价真假对错推导公理"，可以归结为一个公式：

前提1：事实判断之真假
前提2：主体需要判断之真假

结论1：价值判断或认知评价之真假
结论2：感情评价、意志评价和行为评价之对错

举例说，如果我们一方面对某一食物的事实判断是真的（亦即与该食物事实如何相符），他方面对人体需要的主体判断是真的（亦即与人体需要相符）。那么，由二者合乎逻辑地推导出该食物是否有益健康的价值判断或认知评价显然也必是真的（亦即与该食物的价值相符）。由此而来的对于该食物的偏爱或厌弃之情（感情评价）和经常食用或拒之不食之意（意志评价）以及经常食用或拒之不食（行为评价）必定是对的（亦即必定有利于满足人体健康需要）。

诸葛亮"认为马谡是大将之才"的价值判断是假的，他对马谡的爱（感情评价）和重用之意（意志评价）以及重用之行为（行为评价）是错的，原因岂不都在于对马谡才能的"事实判断是假的"？

3.道德评价真假对错推导公设

在道德价值领域，社会是活动者，亦即制定道德的活动者，因而是主体。社会制定道德的目的，亦即道德目的，是主体活动目的。客体则是社会制定的道德所规范的对象，是可以进行道德评价的一切行为。这样一来，如果将普遍适用于一切价值领域的"评价真假对错推导公理"，推演于道德价值领域，便可以得出结论说：

情感道德评价、意志道德评价和行为道德评价都是从道德价值判断（认知道德评价）中产生和推导出来的。因此，一切道德评价之真假对错，都取决于道德价值判断之真假，最终都取决于行为事实判断和道德目的判断之真假——二者都是真的，则由二者合乎逻辑地产生和推导出的道德价值判断或认知道德评价必真（亦即必定与道德价值相符）、情感道德评价和意志道德评价以及行为道德评价必对、必好、必正确（亦即必定符合道德目的）。如果所推导出的道德价值判断或认知评价是假的（亦即与道德价值不相符），情感道德评价和意志道德评价以及行为道德评价是错的、坏的、不正确的（亦即不符合道德目的），则它们所由以推导出的行为事实判断和道德目的判断必假：或者其一是假的，或者二者都是假的。

这就是道德评价的真假之产生和推导过程，这就是道德评价真假对错的推导方法，这就是道德评价真假对错的发现和证明方法，这就是道德应该、道德善和道德价值评价之真假对错的发现、证明和推导方法，这就是只对伦理学有效的"伦理学的道德评价真假对错的推导公设"，可以归结为一个公式：

前提1：行为事实判断之真假
前提2：道德目的判断之真假

结论1：道德价值判断或认知道德评价之真假

结论2：感情道德评价、意志道德评价和行为道德评价之对错

举例说，儒家、康德、布拉德雷和基督教伦理学家等利他主义论者，之所以鄙薄"为己利他"（情感道德评价错误），动辄想将它作为魔鬼拉出来批判一通（意志道德评价错误），经常口诛笔伐之（行为道德评价错误），就是因为他们误以为"为己利他"具有负道德价值（道德价值判断或认知道德评价错误）。这种道德价值判断是错误的，直接来说，是因其不符合为己利他实际的道德价值。但是，根本来说，则是因为，一方面，他们误以为道德目的就是道德自身，就是完善每个人的品德："道德以本身为目的"[①]（道德目的判断错误）。另一方面，他们片面地以为"为己"事实上势必损人利己："鸡鸣而起，孳孳为利者，跖之徒也"[②]（行为事实判断错误）。

相反地，老子和韩非以及爱尔维修和霍尔巴赫等合理利己主义论者断言"为己利他是最大的道德善"的道德价值判断，堪称真理，直接来说，因其符合为己利他的道德价值（为己利他比任何行为的正道德价值都远为巨大）。但是，根本讲来，则是因为，一方面，"为己利他能够最大限度地增进全社会和每个人利益"的行为事实判断是真理。另一方面，"道德目的是增进每个人利益"的道德目的判断是真理：二者都是真理，所以由二者合乎逻辑地推导出的"为己利他极其符合道德目的，具有最大的正道德价值"的道德价值判断必定是真理。这样一来，我们怎么会鄙薄和批判"为己利他"呢？我们必定会像合理利己主义论者那样，对

---

① 布拉德雷：《伦理学研究》上册，商务印书馆，民国三十三年版，第84页。如果道德目的，确如布拉德雷等利他主义论者所言，就是为了道德自身，就是为了完善每个人的品德；那么，为己利他当然就因其不是品德和道德的完善境界而不符合道德目的，因而也就是不道德的、具有负道德价值的行为了。

② 《孟子·尽心上》。

它肃然起敬（正确的情感道德评价），必定会有为这个功勋无比而忍辱负重的魔鬼正名之意（正确的意志道德评价），必定会为这个功勋无比而忍辱负重的魔鬼正名（正确的行为道德评价）。

四、伦理学的优良规范推导公理和优良道德规范推导公设

1. "规范""价值"与"价值判断"：概念分析

伦理学的"评价真假对错推导公理"和"道德评价真假对错推导公设"是确证道德价值判断的真理的方法，因而似乎是伦理学的终极公理和公设。其实不然。因为伦理学是关于优良道德的科学，它探究道德价值判断之真理，目的全在于制定优良道德规范。它探究"评价真假对错推导公理"和"道德评价真假对错推导公设"，目的全在于确证"优良规范的推导公理"和"优良道德规范推导公设"。

原来，优良规范之制定，牵连三个密不可分而又根本不同的重要概念："规范""价值"和"价值判断"。然而，古今中外，伦理学家们大都不区别"规范"与"价值"，几乎皆将"道德"（"道德"属于"规范"范畴，因而"道德"与"道德规范"是同一概念）与"道德价值"当作同一概念。殊不知，价值与规范根本不同。因为规范都是人制定或约定的，但是，价值却不是人制定或约定的。试想，玉米、小麦、大豆的营养价值怎么能是人制定或约定出来的呢？那么，价值与规范是何关系？

不难看出，价值是制定或约定规范的根据，规范则是根据价值制定或约定出来的。试想，为什么养生家将"每天应该吃一个鸡蛋"奉为如何吃鸡蛋的行为规范？岂不就是因为，在他们看来，每天吃一个鸡蛋具有正营养价值，而鸡蛋吃多了则具有负营养价值？道德规范亦然，行为应该如何的道德规范是根据行为的道德价值制定或约定出来的。

试想，为什么老子、韩非和爱尔维修、霍尔巴赫等合理利己主义论者，将"为己利他"奉为道德规范？岂不就是因为，在他们看来，为己

利他具有正道德价值？相反地，孔子、墨子和康德、基督教伦理学家却反对将"为己利他"奉为道德规范，岂不就是因为，在他们看来，为己利他具有负道德价值？

这样一来，规范便与价值判断一样，皆以价值为内容、对象和摹本，都是价值的表现形式。只不过，价值判断是价值在大脑中的反映，是价值的思想形式，而规范则是价值在行为中的反映，是价值的规范形式。因此，价值判断有真假之分：与价值相符的判断，便是真理；与价值不符的判断，便是谬误。规范则没有真假而只有对错、优劣、好坏之分：与价值相符的规范，就是优良的、好的、对的、正确的规范；与价值不符的道德规范，就是恶劣的、坏的、不对的、不正确的规范。举例说：

如果"每天吃一个鸡蛋"确如养生家们所言，具有正营养价值，那么，一方面，他们断言"每天应该吃一个鸡蛋"的价值判断，便与鸡蛋的营养价值相符，因而是真理。另一方面，他们把"每天应该吃一个鸡蛋"奉为如何吃鸡蛋的行为规范，也与鸡蛋的营养价值相符，因而是一种优良的、好的行为规范。

如果"为己利他"确如儒家所言，具有负道德价值，那么，一方面，法家断言"为己利他是应该的"道德价值判断便与为己利他道德价值不符合，因而是谬误。另一方面，法家把"为己利他"奉为道德规范也与为己利他道德价值不符合，因而是一种恶劣的、坏的道德规范。

然而，究竟怎样才能制定出与价值相符的优良的、好的、对的、正确的规范呢？人们制定任何规范，无疑都是在一定的价值判断的指导下进行的。显而易见，只有在关于价值的判断是真理的条件下，所制定的规范，才能够与价值相符，从而才能够是优良的、好的、对的、正确的规范；反之，如果关于价值的判断是谬误，那么，在其指导下所制定的规范，必定与价值不相符，因而必定是恶劣的、坏的、不对的、不正确的规范。举例说：

如果每天吃10个鸡蛋具有正营养价值，因而"每天应该吃10个鸡蛋"的价值判断是真理，那么，把"每天应该吃10个鸡蛋"奉为如何吃鸡蛋的行为规范，便与每天吃10个鸡蛋的营养价值相符，因而是一种优良规范。反之，如果"每天应该吃10个鸡蛋"的价值判断是谬误，每天吃10个鸡蛋实际上具有负营养价值，那么，把"每天应该吃10个鸡蛋"奉为如何吃鸡蛋的行为规范，便与每天吃10个鸡蛋的营养价值不相符，因而便是一种恶劣的规范。

如果"为己利他具有正道德价值"的道德价值判断是真理，为己利他确实具有正道德价值，那么，老子和韩非把"为己利他"奉为行为应该如何的道德规范，便与为己利他的道德价值相符，因而是一种优良道德规范。反之，如果"为己利他具有正道德价值"的道德价值判断是谬误，为己利他实际上具有负道德价值，那么，老子和韩非把"为己利他"奉为行为应该如何的道德规范，便与为己利他的道德价值不相符，因而便是一种恶劣的道德规范。

可见，价值判断之真理，乃是达成制定优良规范的目的之手段，是制定优良规范的充分且必要条件：当且仅当我们的价值判断是真理，我们才能够制定与价值相符的优良的、好的、对的、正确的规范，而避免制定与价值不符的恶劣的、坏的、不对的、不正确的规范。道德价值判断之真理，则是达成制定优良道德规范的目的之手段，是制定优良道德的充分且必要条件：当且仅当我们的道德价值判断是真理，我们才能够制定与道德价值相符的优良的、好的、对的、正确的道德，而避免制定与道德价值不符的恶劣的、坏的、不对的、不正确的道德。

2. 优良规范推导公理

综上所述，首先，优良的、好的、对的、正确的行为规范是与行为价值相符的行为规范。恶劣的、坏的、不对的、不正确的行为规范则是与行为价值不相符的行为规范。其次，价值判断之真理，乃是达成制定优良规范的目的之手段，是制定优良规范的充分且必要条件。最后，伦理学的评价真假对错推导公理表明，"价值判断之真假"，直接来说，取决于"价值判断"与"价值"是否相符；根本来说，则一方面取决于"事实判断"之真假，另一方面取决于"主体需要欲望目的判断"之真假。于是，合而言之，可以得出结论：

优良的、好的、对的、正确的行为规范是与行为价值相符的行为规范；恶劣的、坏的、不对的、不正确的行为规范则是与行为价值不相符的行为规范。因此，行为应该如何的规范虽然都是人制定的、约定的。但是，只有恶劣的、坏的、不对的、不正确的行为规范才可以随意制定、约定。反之，优良的、好的、对的、正确的行为规范决非可以随意制定，而只能根据"行为价值"——"行为事实如何"对于"主体需要、欲望和目的"之效用——推导、制定出来，说到底，只能通过"主体的需要、欲望和目的"，从"行为事实如何"中推导、制定出来。因此，所制定的行为规范之优劣，直接来说，取决于对行为应该如何的"价值判断"之真假。根本来说，则一方面取决于对行为事实如何的"事实判断"之真假，另一方面取决于对"主体的需要、欲望、目的判断"之真假：二者皆真，则由二者合乎逻辑地推导出的行为应该如何的价值判断必真，因而在其指导下所制定的行为规范必定与行为价值相符，必定是优良行为规范。如果所制定的行为规范与行为价值不相符，是恶劣的行为规范，那么，关于行为应该如何的"价值判断"必假，因而它所由此推导出的行为"事实判断"和主体需要的"价值标准"判断必假：或者其一假，或者二者皆假。

举例说：养生家洪绍光制定的"每天应该吃一个鸡蛋"的行为规范，之所以是优良的，直接来说，取决于"每天应该吃一个鸡蛋"的价值判断之真。根本来说，则一方面取决于"一个鸡蛋具有 X 量蛋白质"的事实判断之真，另一方面则取决于"人体每天需要 X 量蛋白质"的主体需要判断之真：二者皆真，则由二者合乎逻辑地推导出的"每天应该吃一个鸡蛋"的价值判断必真，因而在其指导下所制定的"每天应该吃一个鸡蛋"的行为规范，必定与"每天吃一个鸡蛋"的行为价值相符而是优良行为规范。

相反地，我少年时代，我爹教导我的"每天应该吃尽可能多的鸡蛋"的行为规范，之所以是恶劣的，直接来说，取决于"每天吃鸡蛋越多越好"的价值判断之假。根本来说，取决于它所由以推导出的关于鸡蛋的"事实判断"和"人体需要判断"之假：或者其一假（误以为一个鸡蛋具有远远少于 X 量的蛋白质，或误以为人体每天需要远远大于 X 量的大量蛋白质），或者二者皆假（既误以为一个鸡蛋具有远远少于 X 量的蛋白质，又误以为人体每天需要远远大于 X 量的大量蛋白质）。

这就是"优良规范"直接依据"价值判断"——最终依据"事实判断"和"主体需要判断"——之真理的推导和制定的过程，这就是优良规范的推导和制定之方法，这就是优良规范的发现和证明之方法，这就是应该、善和价值的规范论的发现、证明和推导方法，这就是伦理学的优良规范推导公理，这就是伦理学和国家学以及中国学等一切价值科学的优良规范推导公理。我们可以将该公理归结为一个公式：

前提1：事实如何（价值实体）判断之真假
前提2：主体需要欲望目的如何（价值标准）判断之真假

结论1：应该如何的价值判断之真假
结论2：规范之优劣（规范是否与价值相符）

该公式可以简化如下：

前提1：事实如何（价值实体）
前提2：主体需要欲望目的如何（价值标准）

结论1：应该如何（价值）
结论2：规范之优劣（规范是否与价值相符）

3. 优良道德规范推导公设

在道德规范领域，社会是活动者，亦即制定道德的活动者，因而是主体；社会制定道德的目的，亦即道德目的，是主体活动目的；客体则是社会制定的道德所规范的对象，是可以进行道德评价的一切行为：道德价值就是这种行为事实如何对于道德目的之效用。这样一来，如果将普遍适用于一切规范领域的"优良规范推导公理"，推演于道德规范领域，便可以得出结论说：

优良的、好的、对的、正确的道德规范是与行为道德价值相符的道德规范；恶劣的、坏的、不对的、不正确的道德规范是与行为道德价值不相符的道德规范。因此，道德规范虽然都是人制定的、约定的。但是，只有恶劣的、坏的、不对的、不正确的的道德规范才可以随意制定、约定。反之，优良的、好的、对的、正确的道德规范绝非可以随意制定，而只能根据"行为应该如何的道德价值"——"行为事实如何"对于"道德目的"的效用——推导、制定出来，说到底，只能通过道德目的，从行为事实如何中推导、制定出来。因此，所制定的行为应该如何的道德规范之优劣，直接来说，取决于对行为应该如何的"道德价值判断"之真假。根本来说，则一方面取决于对行为事实如何的"事实判断"之真假，另一方面取决于对"道德目的判断"之真假：二者皆真，则由二者合乎逻辑地推导出的行为应该如何的道德价值判断必真，因而在其指导下所制定的行为应该如何的道德规范必定优良。如果所制定的行为应该如何的道德规范恶劣，则关于行为应该如何的道德价值判断必假，因而它所由以推导出的行为事实判断和道德目的判断必假：或者其一假，或者二者皆假。举例说：

老子、韩非和爱尔维修、霍尔巴赫等合理利己主义论者所制定的"应该为己利他"是优良道德规范，直接来说，取决于"为己利他具有正道德价值"的道德价值判断之真。根本来说，则一方面取决于"为己利他事实上既利己又利他、己他双赢"的事实判断之真，另一方面则取决于"道德目的是增进每个人利益"的价值标准判断之真：二者皆真，则由二者推导出的"为己利他能够增进每个人利益，符合道德目的，因而具有正道德价值"的道德价值判断必真，因而在这种道德价值判断真理指导下所制定的"应该为己利他"的道德规范必定优良。反之，儒家和墨家以及康德和基督教伦理学家等利他主义论者所制定的"不应该为己利他"是恶劣的道德规范，直接来说，取决于"为己利他具有负道德价值"的道德价值判断之假。根本来说，则取决于有关为己利他的事实判断之假和道德目的判断之假：或者其一假（误以为"为己利他事实上势必损人利己"，或者误以为道德目的是使每个人的品德达于完善境界，而为己利他不是品德完善境界，因而不符合道德目的）；或者二者皆假（既误以为为己利他事实上势必损人利己，又误以为道德目的是使每个人的品德达于完善境界）。

这就是优良道德规范直接依据道德价值判断——最终依据行为事实判断和道德目的判断——之真理的推导和制定的过程，这就是优良道德规范的推导和制定之方法，这就是优良道德规范的发现和证明之方法，这就是道德应该、道德善和道德价值的规范论的发现、证明和推导方法，这就是仅仅适用于伦理学的优良道德规范推导公设，可以归结为一个公式：

前提1：行为事实（道德价值实体）判断之真假
前提2：道德目的（道德价值标准）判断之真假

结论1：行为应该如何（道德价值）判断之真假
结论2：道德规范之优劣（道德规范是否与道德价值相符）

该公式可以简化如下：

前提1：行为事实如何（道德价值实体）
前提2：道德目的（道德价值标准）

结论1：行为应该如何（道德价值）
结论2：道德规范之优劣（道德规范是否与道德价值相符）

五、关于伦理学推导公理和推导公设的理论

1. 总结：伦理学的四个推导公理和四个推导公设

综上可知，伦理学的推导公理和推导公设，可以归结为如下8个伦理学的"初始命题集"或"公理与公设"。

（1）伦理学的价值推导公理。

"价值、善、应该如何"，是客体的"是、事实、事实如何"对主体的需要、欲望和目的相符与否的效用。因此，"价值、善、应该如何"，是通过主体的需要、欲望和目的，而从"是、事实、事实如何"中产生和推导出来的："善、应该、正价值"就是"事实"符合"主体需要、欲

望和目的"之效用，全等于"事实"对"主体需要、欲望和目的"之符合；"恶、不应该、负价值"就是"事实"不符合"主体需要、欲望和目的"之效用，全等于"事实"对"主体需要、欲望和目的"之不符合。公式如下：

前提1：事实如何（价值实体）
前提2：主体需要、欲望和目的如何（价值标准）

结论：应该如何（价值）

（2）伦理学的评价推导公理。

情感评价、意志评价和行为评价都是从价值判断（认知评价）中产生和推导出来的，而价值判断所反映的对象是价值，亦即客体的事实属性对主体需要、欲望、目的相符与否的效用。于是，一切评价最终都是通过关于主体的需要、欲望、目的判断，从事实判断中产生和推导出来的：肯定的评价，说到底，等于事实判断与主体需要、欲望、目的判断之相符；否定的评价，说到底，等于事实判断与主体需要、欲望、目的判断之相违。换言之，一种评价是从两种描述——客体事实描述和主体需要描述——中产生和推导出来的：肯定的评价等于事实描述与主体需要、欲望、目的描述之相符；否定的评价等于事实描述与主体需要、欲望、目的描述之相违。

评价的推导公式 A：

前提1：事实判断
前提2：主体的需要、欲望、目的判断

结论1：价值判断、认知评价
结论2：情感评价和意志评价以及行为评价

评价的推导公式 B：

前提1：客体事实描述
前提2：主体需要、欲望、目的描述

结论1：价值判断、认知评价
结论2：感情评价、意志评价和行为评价

（3）伦理学的评价真假对错的推导公理。

情感评价、意志评价和行为评价都是从价值判断（认知评价）中产生和推导出来的，因而一切评价之真假对错，都取决于价值判断之真假，最终都取决于事实判断和主体需要判断之真假——二者都是真的，则由二者合乎逻辑地产生和推导出的价值判断或认知评价必真（亦即必定与价值相符）、情感评价和意志评价以及行为评价必对（亦即必定有利于满足主体的需要、欲望、目的）。如果所推导出的价值判断或认知评价是假的（亦即与价值不相符）、情感评价和意志评价以及行为评价是错的（亦即有害于满足主体的需要、欲望、目的），则它们所由此推导出的事实判断和主体需要判断必假：或者其一是假的，或者二者都是假的。公式如下：

前提1：事实判断之真假
前提2：主体需要判断之真假

结论 1：价值判断或认知评价之真假
结论 2：感情评价、意志评价和行为评价之对错

（4）伦理学的优良规范推导公理。

优良的"行为规范"是与"行为价值"相符的行为规范；恶劣的"行为规范"则是与"行为价值"不符的行为规范。因此，优良行为规范绝非可以随意制定，而只能根据"行为价值"——"行为事实如何"对于"主体需要、欲望和目的"之效用——制定，说到底，只能通过"主体的需要、欲望和目的"，从"行为事实如何"推导出来。因此，所制定的行为规范之优劣，直接来说，取决于对行为应该如何的价值判断之真假。根本来说，则一方面取决于对行为事实如何的事实判断之真假，另一方面取决于对主体的需要、欲望、目的的主体判断之真假：二者皆真，则由二者合乎逻辑地推导出的行为应该如何的价值判断必真，因而在其指导下所制定的行为规范必定与行为价值相符，必定是优良行为规范。如果所制定的行为规范与行为价值不相符，是恶劣的行为规范，那么，关于行为应该如何的价值判断必假，因而它所由此推导出的行为事实判断和主体需要判断必假：或者其一假，或者二者皆假。公式如下：

前提 1：事实如何（价值实体）判断之真假
前提 2：主体需要如何（价值标准）判断之真假

结论 1：应该如何的价值判断之真假
结论 2：规范之优劣（规范是否与价值相符）

（5）伦理学的道德价值推导公设。

行为应该如何的道德价值，是行为事实如何对于道德目的之相符与

否的效用。因此，行为应该如何的道德价值，是通过道德目的，从行为事实如何中产生和推导出来的：行为应该如何就是行为事实如何符合道德目的之效用，全等于行为事实如何对道德目的之相符；行为不应该如何就是行为事实如何不符合道德目的之效用，全等于行为事实如何对道德目的之相违。公式如下：

前提1：行为事实如何（道德价值实体）
前提2：道德目的如何（道德价值标准）

结论：行为应该如何（道德价值）

（6）伦理学的道德评价推导公设。

情感道德评价、意志道德评价和行为道德评价都是从道德价值判断（认知道德评价）中产生和推导出来的，而道德价值判断所反映的对象是道德价值，亦即行为事实如何对道德目的相符与否的效用。于是，一切行为应该如何的道德评价，最终都是通过道德目的判断，而从行为事实如何判断中产生和推导出来的：肯定的道德评价等于行为事实判断与道德目的判断之相符，否定的道德评价等于行为事实判断与道德目的判断之相违。换言之，一种道德评价是从两种描述——行为事实描述和道德目的描述——产生和推导出来的：肯定的道德评价等于行为事实描述与道德目的描述之相符，否定的道德评价等于行为事实描述与道德目的描述之相违。这就是道德评价的产生和推导过程，这就是道德评价的推导方法，这就是道德评价的发现和证明方法，这就是仅仅适用于伦理学的道德评价推导公设，可以归结为两个公式：

道德评价推导公式 A：

前提 1：行为事实判断
前提 2：道德目的判断

结论 1：道德价值判断、认知道德评价
结论 2：感情道德评价、意志道德评价和行为道德评价

道德评价推导公式 B：

前提 1：行为事实描述
前提 2：道德目的描述

结论 1：认知道德评价、道德价值判断
结论 2：感情道德评价、意志道德评价和行为道德评价

（7）伦理学的道德评价真假对错的推导公设。

情感道德评价、意志道德评价和行为道德评价都是从道德价值判断（认知道德评价）中产生和推导出来的。因此，一切道德评价之真假对错，都取决于道德价值判断之真假，最终都取决于行为事实判断和道德目的判断之真假——二者都是真的，则由二者合乎逻辑地产生和推导出的道德价值判断或认知道德评价必真（亦即必定与道德价值相符），情感道德评价和意志道德评价以及行为道德评价必对、必好、必正确（亦即必定符合道德目的）。如果所推导出的道德价值判断或认知评价是假的（亦即与道德价值不相符），情感道德评价和意志道德评价以及行为道德评价是错的、坏的、不正确的（亦即不符合道德目的），则它们所由以推

导出的行为事实判断和道德目的判断必假：或者其一是假的，或者二者都是假的。公式如下：

前提1：行为事实判断之真假
前提2：道德目的判断之真假

结论1：道德价值判断或认知道德评价之真假
结论2：感情道德评价、意志道德评价和行为道德评价之对错

（8）伦理学的优良道德规范推导公设。

优良"道德规范"是与行为的"道德价值"相符的道德规范，恶劣"道德规范"是与行为"道德价值"不符的道德规范。因此，优良道德规范绝非可以随意制定，而只能根据"行为应该如何的道德价值"——"行为事实如何"对于"道德目的"的效用——制定，说到底，只能通过"道德目的"，从"伦理行为事实如何"中推导出来。因此，所制定的行为应该如何的道德规范之优劣，直接来说，取决于对行为应该如何的道德价值判断之真假。根本来说，则一方面取决于对行为事实如何的客观本性的事实判断之真假，另一方面取决于对道德目的的主体判断之真假：二者皆真，则由二者合乎逻辑地推导出的行为应该如何的道德价值判断必真，因而在其指导下所制定的行为应该如何的道德规范必定优良。如果所制定的行为应该如何的道德规范恶劣，则关于行为应该如何的道德价值判断必假，因而它所由以推导出的行为事实判断和道德目的判断必假：或者其一假，或者二者皆假。公式如下：

前提1：行为事实（道德价值实体）判断之真假
前提2：道德目的（道德价值标准）判断之真假

结论1：行为应该如何（道德价值）判断之真假
结论2：道德规范之优劣（道德规范是否与道德价值相符）

2. 伦理学公理和公设相互关系及其意义

不难看出，"伦理学的优良规范推导公理和优良道德规范推导公设"，乃是"伦理学的公理和公设系统"推演的终极目标。因为伦理学是关于优良道德的科学，它探究道德价值判断之真理，目的全在于制定和实现与道德价值相符的优良道德。但是，要获得和确证道德价值判断之真理，便必须运用"伦理学的评价真假对错推导公理和道德评价真假对错推导公设"：它们是探究和确证道德价值判断之真理的推导方法。然而，要获得伦理学的评价真假对错推导公理和道德评价真假对错推导公设，显然必须获得"伦理学的评价推导公理和道德评价推导公设"，因而又必须获得"伦理学的价值推导公理和道德价值推导公设"。这就是为什么，伦理学的推导公理和公设会有8个之多。

不但此也！要发现伦理学的价值推导公理和道德价值推导公设，显然必须知道应该、善和价值存在何处，因而必须求得那6个"伦理学的价值存在公理和道德价值存在公设"。这就是为什么，伦理学的全部公理公设可以归结为14个，8个推导公理和推导公设以及6个存在公理和存在公设。它们相互间存在着由此及彼的推导关系，最终目的则是制定和实现优良道德规范，推演出"伦理学的优良规范推导公理和优良道德规范推导公设"："伦理学的优良规范推导公理和优良道德规范推导公设"乃是伦理学公理体系的终极目的。

那么，伦理学的"优良规范的推导公理"和"优良道德规范推导公设"之间，是否也存在目的和手段的关系？答案是肯定的。因为伦理学的终极目的并不是制定优良规范，而是制定优良道德规范，制定优良规范不过是制定优良道德规范的方法而已。所以，伦理学的"优良规范推导公理"不过是"优良道德规范推导公设"的方法而已。这样，伦理学的公理和公设体系——因而也就是整个元伦理学——最终便可以归结为"优良道德规范推导公设"。元伦理学之所以是伦理学的公理和公设体系，它所拥有的14个公理和公设之所以是公理和公设，说到底，就是因为——如本书绪论所论证——从这个"优良道德规范推导公设"可以直接推导出伦理学的全部对象、全部内容、全部命题。

因此，这14个伦理学的公理和公设科学价值极其巨大，无论如何评价都不会夸大。因为从伦理学的这7个公理，可以推导出伦理学的7个公设，最终从这个"伦理学的优良道德规范推导公设"，推演出伦理学的全部对象、全部内容和全部命题，使伦理学成为一种如同物理学一样客观必然、严密精确和能够操作的公理化体系。举例说，笔者用22年时间写成的180余万字的《新伦理学》（商务印书馆2018年出版）的全部对象、全部内容和全部命题，皆从这个公设推演出来，都是对这个公设的4个命题的研究。

不但此也！这7个伦理学公理，同时也是国家学和中国学等一切价值科学的公理，因而可以从中推导出国家学和中国学等各门价值科学的推导公设，最终推演出各门价值科学全部对象、全部内容和全部命题，从而使各门价值科学皆成为一种如同物理学一样客观必然、严密精确、可以操作的公理化体系。

举例说，从这7个伦理学公理，可以推导出仅仅适用于国家学的"优良国家制度推导公设"：

前提1：国家事实如何（价值实体）
前提2：国家目的如何（价值标准）

结论1：国家应该如何（价值

结论2：国家制度之好坏（制度是否与价值相符）

笔者用5年时间写成的142万字的《国家学》（中国社会科学出版社2012年出版）的全部对象、全部内容和全部命题，皆从这4个命题推演出来，都是对这4个命题的研究。

举例说，从这7个伦理学公理，可以推导出仅仅适用于中国学的"优良的中国国家制度推导公设"：

前提1：中国国家制度事实如何（价值实体）
前提2：国家目的如何（价值标准）

结论1：中国国家制度应该如何（价值）
结论2：中国国家制度之好坏（制度是否与价值相符）

笔者自2012年以来一直撰写的《中国学》（完稿时约200万字）的全部对象、全部内容和全部命题，皆从这4个命题推演出来，都是对这4个命题的研究。

伦理学公理和公设，不但意义如此巨大，而且极端复杂、深邃、晦涩和难解，以至一方面，如前所述，元伦理学家们对于"伦理学的价值存在公理和道德价值存在公设"的研究，形成了四大元伦理证明理论："客观论""实在论""主观论""关系论"。另一方面，我们将看到，元伦理学家们对于伦理学推导公理和推导公设的研究，分为五大流派：自然主义、直觉主义、情感主义、规定主义、描述主义。这五大流派都是关于应该、善、价值的产生和推导过程的元伦理证明理论，说到底，也就都是关于伦理学推导公理和推导公设的证明理论。显然，如果我们不进一步辨析这些理论，指出它们的得失、对错，那么，我们对于伦理学推导公理和公设的研究是不充分、不全面的。

3. 自然主义

何谓自然主义？赫德森说，自然主义是用自然的——事实的——属性来定义"善"与"正当"等价值概念的元伦理学学说："'伦理自然主义者'乃是这样的人：他用自然属性来定义诸如'善''正当'等道德词。"[①] 彼彻姆则认为，自然主义是用事实判断来确证价值判断的元伦理学推导或证明方法："根据这种理论，价值判断能够确证于一种事实的方法（有时又被自然主义者称为'理性方法'）——一种与历史和科学的确证相同的方法。"[②]

二者结合起来堪称自然主义定义。因为自然主义无疑是一种元伦理证明理论，更确切些说，是一种关于"应该"的产生和推导过程的证明理论，是一种关于"应该"如何产生和推导于"是"的证明理论，说到底，也就是一种关于伦理学推导公理和推导公设的证明理论。这种理论的特点，正如"自然主义"这个名词的创造者摩尔所指出——而后为赫德森和彼彻姆所概括——一方面是用"事实"概念来定义"善"等价值概念，如"善是快乐"；另一方面则是用事实判断来证明价值判断，如"因为我事实想望某物，所以我应该想望某物"。[③] 合而言之，这种理论便误将"应该""价值"等同于"事实""自然"，因而可以称为"自然主义谬误"。

自然主义谬误无疑是摩尔的伟大发现！因为，一方面，很多大思想家确实用自然的、事实的概念来定义价值概念，犯有将"善"等价值概念，等同于"快乐"或"能够带来快乐的东西"等事实概念的自然主义

---

① Lawrence C.Becker: Encyclopedia of Ethics Volume II,Garland Publishing,Inc., New York, 1992, p.1007.
② Tom L.Beauchamp: Philosophical Ethics,McGraw-Hill ,Inc., New York, 1982, p.339.
③ Lawrence C.Becke: Encyclopedia of Ethics Volume II,Garland Publishing,Inc., New York, 1992, p.1007;
Tom L.Beauchamp: Philosophical Ethics, McGraw-Hill ,Inc New York, 1982, p.339。

谬误。洛克就曾这样写道:"善恶只不过是快乐和痛苦,或在我们身上引起和促进快乐与痛苦的东西。"① 斯宾诺莎亦如是说:"只要我们感觉到任何事物使得我们快乐或痛苦,我们便称那物为善或为恶。"② 殊不知,"善"与"快乐"或"能够带来快乐的东西"根本不同:"善"是"快乐"或"能够带来快乐的东西"满足主体需要的效用性,属于"价值"范畴;"快乐和能够带来快乐的东西"则是"善"的实体,属于"事实"范畴。因此,自然主义谬误就在于将"价值"与"事实"等同起来,将"价值"与"价值实体"等同起来,将"善"与"善的实体"等同起来。

另一方面,自然主义谬误,确如摩尔所发现,不但存在于善的定义中,而且存在于对善的定义的证明之中,不但存在于一个判断中,而且存在于由若干个判断所组成的推理之中。所谓自然主义谬误,主要来讲,正是仅仅从事实(自然)就直接推导出应该(价值)从而把应该(价值)等同于事实(自然)的元伦理证明谬论。穆勒,如摩尔所说,是这种谬论的代表。他在《功用主义》中便这样推论:

"我们最后的目的乃是一种尽量免掉痛苦、尽量在质和量两方面多多享乐的生活……照功用主义的看法,这种生活既然是人类行为的目的,必定也是道德的标准。"③"这一学说应该需要什么——它必须满足什么条件——才有充足的理由使人相信呢?可能提供的、证明一事物是可见的唯一证据,是人们实际看到了它。证明一种声音是可闻的唯一证据,是人们听到了它,并且,我们经验的其他来源也都是这样。同理,我觉得,可能提供的,证明一事物是值得想望的唯一证据,是人们确实想望它……幸福已经取得它是行为目的之一的资格,因而也取得作为德性标

---

① 西季威克:《伦理学方法》,中国社会科学出版社,1993年版,第225页。
② 斯宾诺莎:《伦理学》,贺麟译,商务印书馆,1962年版,第165页。
③ 穆勒:《功用主义》,商务印书馆,1957年版,第13页。

准之一的资格。"①

在这种证明中,正如摩尔所指出,犯了自然主义谬误:仅仅从行为事实如何便直接推导出行为应该如何(因为幸福事实上是人的行为目的,所以幸福应该是人的行为目的。因为人们确实想望某物,所以人们应该、值得想望某物),从而也就把行为事实如何当作了行为应该如何。很多大思想家都犯有这种自然主义错误。马斯洛亦曾如是说:"你要弄清你应该如何吗?那么,先弄清你是什么人吧!'变成你原来的样子!'关于一个人应该成为什么的说明几乎和关于一个人究竟是什么的说明完全相同。"②"关于世界看来如何的陈述也是一个价值陈述。"③

这种自然主义证明方法,虽然不能成立,却并非如摩尔所言,一无是处。因为,如前所述,"价值、善、应该如何"是"是、事实、事实如何"对于主体需要的效用性,是在"事实"与主体需要发生关系时,从"事实"产生和推导出来的关系属性。因此,自然主义论者断言"应该如何存在于、产生于事实如何,是从事实如何推导出来的",确乎说出了一大真理。马斯洛说:"是命令应该"④,"事实创造应该"⑤,"一个人要弄清他应该做什么,最好的办法是先找出他是谁,他是什么样的人。因为达到伦理和价值的决定、达到聪明选择、达到应该的途径,是经过'是'、经过事实、真理、现实发现的,是经过特定的人的本性发现的"⑥。

这些说得多么深刻!自然主义的谬误不在这里。自然主义的谬误在于不懂得,虽然"应该"产生于"事实",是从事实中推导出来的。但只有与主体需要发生关系,从事实才能产生和推导出应该。离开主体,不

---

① 穆勒:《功用主义》,商务印书馆,1957年版,第37页。
② 马斯洛:《人性能达到的境界》,云南出版社,1987年版,第113页。
③ 马斯洛:《人性能达到的境界》,云南出版社,1987年版,第110页。
④ 马斯洛:《人性能达到的境界》,云南出版社,1987年版,第113页。
⑤ 马斯洛:《人性能达到的境界》,云南出版社,1987年版,第122页。
⑥ 马斯洛:《人性能达到的境界》,云南出版社,1987年版,第122页。

与主体需要发生关系，仅仅事实自身是不可能产生和推导出应该的："事实"是"应该"产生的源泉和实体，"主体需要"则是"应该"从事实中产生和推导出来的条件和标准。自然主义只看到事实是应该产生的源泉，却看不到主体需要是应该产生的条件。因而误以为仅从事实自身便能直接产生和推导出应该，于是误将"事实如何"当作"应该如何"，把"事实"与"应该"等同起来。

4. 元伦理直觉主义

摩尔在驳斥自然主义的论证中，确立了一种新的元伦理证明学说：元伦理直觉主义。何谓直觉？西季威克说："当我把一个关于行为的正当性或错误性的判断称为'直觉性'的时候，我不是在预先断定这一判断从哲学角度思考的终极效准问题。我仅仅是指它的真实性是被当下明显地认识到的，而不是作为推理的结果而被认识到的。"[1] 这就是说，直觉亦即不必进行推理论证便可以直接觉知。因此，所谓直觉主义，正如沃尔特·辛诺特-阿姆斯特朗（Walter Sinnott-Armstrong）所说，是认为人们不必进行推理论证便可以直接觉知某些事物的本性——不是一切事物而是某些事物的本性——的学说："直觉主义是认为人们能够非推理地直接认知一些道德判断真实性的理论。"[2]

直觉主义的外延，如所周知，包括三种：一是以笛卡儿、斯宾诺莎、莱布尼茨、柏格森等为代表的普遍的一般的直觉主义，亦即所谓哲学直觉主义，认为人们不必进行推理论证便可以直接觉知诸如"两点间直线最短"等某些事物的本性；二是以沙甫茨伯利、赫起逊、巴特勒、普赖斯、西季威克等为代表的伦理直觉主义，认为人们不必进行推理论证便可以直接觉知诸如"不应该偷盗"等道德判断的真理性；三是以摩尔、

---

[1] 西季威克：《伦理学方法》，中国社会科学出版社，1993年版，第231页。
[2] Lawrence C.Becker : Encyclopedia of Ethics Volume II, Garland Publishing, Inc., New York, 1992, p.628.

普里查德、罗斯、艾温等为代表的元伦理直觉主义，认为人们不必进行推理论证便可以直接觉知"善"是什么等元伦理本性。

我们所要考察的，无疑只是元伦理直觉主义。元伦理直觉主义，如所周知，认为某些元伦理概念，如善、应该、正当、义务等，是单纯的、自明的、不可定义或推理论证的，因而也是一种关于伦理学推导公理和推导公设的证明理论。摩尔写道："'善的'是一个单纯的概念，正像'黄的'是一个单纯的概念一样。正像决不能向一个事先不知道它的人阐明什么是黄的一样，你不能向他阐明什么是善的。"[①] 罗斯亦如是说："道德的正当性是一种不可定义的特性，即使把它归入一种更一般的概念，如恰当性，也不可能阐明它的种差，而只能出现'道德的正当性就是道德的正当性'的同义语反复；正如要通过阐述使红色与其他颜色区别开来，只能说红色就是红色一样。"[②]

善、正当等既然是单纯的、自明的、不可定义或推理论证的，那么，我们对于它们的本质无疑只能通过直觉直接觉知，正如我们直觉地觉知数学公理一样。"现在如果要问，"罗斯接着写道，"我们究竟是怎样达到认识这些基本的道德原则的，那么，答案看来是……和数学一样，我们是通过直觉的归纳把握这些一般的真理的。"[③] 对于"正当"等基本道德原则的这种直觉的理解力，普里查德也这样解释说："这种理解力是直接的。所谓直接，精确地说，就是数学那种直接的理解力，如同'这个三角形由于有三条边而必有三个角'的直接理解力。两种理解力是直接的，是在这种意义上说的：两种对于主词本性的洞察使我们直接认识到主词具有谓词之本性；并且这只是表明——从认识对象方面来说——在这两

---

① 摩尔：《伦理学原理》，商务印书馆，1983年版，第13页。
② W.D.Ross: Foundation of Ethics, Oxford At The Clarendon Press, 1939, p.316.
③ W.D.Ross: Foundation of Ethics, Oxford At The Clarendon Press, 1939, p.320.

种情形里，所直接理解的事实都是自明的。"①

那么，我们所直接觉知到的善和正当的本性究竟是什么？摩尔以为"善"既与"黄"一样，都是客体的属性，又与"黄"不同："黄"是客体的自然属性，而善是客体的非自然属性。"我不否认，'善的'是某些自然客体的一个性质；要知道，我认为其中某些是善的。可是，我已经说过，'善的'本身并不是一自然性质。"②罗斯亦有此见，还曾指出正当或善这些客体的非自然属性，与客体的自然属性或事实属性，是一种因果关系：

"正当始终是一种作为结果而发生的属性，是行为由于具有其他属性而具有的属性。……只是通过认识和思考我的行为在事实上所具有的一种特性，我才知道或断定我的行为是正当的。……我断定我的行为是正当的，因为它是一种救人出苦难的行为。"③

这就是说，同一行为同时具有两种属性，一种是可以感知的，是行为之事实如何（救人出苦难）。另一种是只能直觉的，是行为之应该如何，亦即所谓正当：只能直觉的行为之正当，依附于、产生于可以感知的行为之事实。

可见，元伦理直觉主义与它所反对的自然主义从根本上说是一致的：二者都正确认为正当或善是客体的属性，都正确认为正当或善源于事实，因而都被叫作客观主义。只不过，自然主义误以为从事实自身便能直接产生和推导出正当，因而误把事实与正当等同起来。而元伦理直觉主义则认为只有通过直觉的中介，从事实才能产生正当，因而把事实与正当区别开来。那么，元伦理直觉主义的这种与自然主义不同的见地是真

---

① A.I.Melden: Ethical Theories: A Book of Readings, Prentice-Hall, Inc, Englewood Cliffs, New Jersey, 1967, p.531.
② 摩尔：《伦理学原理》，商务印书馆，1983年版，第48页。
③ W.D.Ross: Foundation of Ethics, Oxford At The Clarendon Press, 1939, p.168.

理吗？

我们绝不能笼统地说直觉主义是不是真理。因为，如上所述，直觉主义的根本特征在于认为人们不必进行推理论证便可以直接觉知某些事物的本性——不是一切事物而是某些事物的本性。这样，直觉主义是否为真理，便完全取决于它所认为可以直觉的某些事物究竟是什么：如果这些事物是可以直觉的，那么，主张这些事物是可以直觉的直觉主义便是真理。如果这些事物是不可以直觉的，那么，主张这些事物是可以直觉的直觉主义便是谬误。例如，认为不必进行推理论证便可以直接觉知某些数学公理的直觉主义便是真理，因为某些数学公理确实是不可论证而只能直觉的。同理，认为不必进行推理论证便可以直接觉知某些道德判断的直觉主义也可能是真理，因为某些道德判断，诸如罗斯所举证的"应该帮助盲人过大街""不应该撒谎"等，确实是不必论证便可以直觉的。因此，某些哲学直觉主义和伦理直觉主义可能是真理。那么，元伦理直觉主义也可能是真理吗？

任何元伦理直觉主义都是错误。因为任何元伦理概念，不论是"善"，还是"正当"，抑或是"应该"，都是不可能依靠直觉认识的。摩尔认为"善"只能依靠直觉把握的根据，在于"善"是最单纯、最简单因而是自明的、不可分析的东西。确实，最单纯、最简单因而是自明的、不可分析的东西，如数学公理，只有依靠直觉才能认识。但是，"善"是这种东西吗？摩尔的论证是不能令人信服的，因为照此说来，古今中外两千多年人们竟会为一个自明的东西而一直争论不休，是十分可笑的。

普里查德所举证的关于"义务""善"的本性是自明而为直觉所认识的根据，主要是诸如 $7 \times 4 = 28$ 等数学命题的自明性。[①] 罗斯所举证的关于"正当""义务""应该"的本性是自明的而为直觉所认识的根据，主

[①] A.I.Melden: Ethical Theories : A Book of Readings , Prentice-Hall, Inc, Englewood Cliffs, New Jersey, 1967, p.537.

要是诸如"应该帮助盲人过大街""不应该撒谎"等道德判断的自明性。①艾温所举证的关于"应该""正当""善"的本性是自明的而为直觉所认识的根据,主要是认为如果不诉诸直觉,那么,从一个判断推出另一个判断的论证过程便会无穷地推导下去。②不难看出,以上三人都犯了"以偏概全"和"推不出"的逻辑错误。7×4=28等数学命题和"应该帮助盲人过大街"等道德判断,确实都是自明的。如果不诉诸直觉,从一个判断推出另一个判断的论证过程确实会无穷地推导下去。但是,由这些前提显然推不出一切道德概念和判断都是自明的,推不出"正当"和"善"等元伦理的概念和判断的本性是自明的。

综上可知,元伦理直觉主义与自然主义一样,也是一种关于"应该、善和价值"的产生和推导过程的元伦理证明理论,是一种关于"应该"能否从"是"产生和推导出来的元伦理证明理论。它比自然主义更接近真理:它一方面正确地看出自然主义仅仅从"事实"自身就直接推导出"应该",因而把"应该"与"事实"等同起来的错误;另一方面则正确地指出只有通过一种中介,才能从"事实"产生"应该",从而把"应该"与"事实"区别开来。但是,元伦理直觉主义未能发现这种中介是"主体的需要、欲望、目的",而误以为是"直觉",从而误认为"应该、正当和善"等是通过"直觉"产生于"事实"。

5. 情感主义

元伦理直觉主义,从上可知,与其说是自然主义的对头,不如说是它的一个堂兄弟:它们同属"认为善和价值存在于客体中"的元伦理客观论大家庭。它们的共同敌手,乃是"认为善和价值存在于主体中"的元伦理主观论——情感主义。所谓情感主义,正如厄姆森(J.O.Urmson)所说,是认为价值判断的本质在于表达主体的情感而不是描述客体事实

---

① W.D.Ross: Foundation of Ethics, Oxford At The Clarendon Press, 1939, p.316.
② A.C.Ewing: The Definition of Good, Hyperion Press, Inc., Westport, Connecticut, pp.25~26.

的元伦理证明理论:"从否定方面讲,这些理论的共同点在于否定评价言辞的基本功能是传达关于世界任何方面的真或假的信息;从肯定方面看,尽管在细节上有所不同,它们都主张评价言辞的基本功能是表达说话者的情感或态度。"① 情感主义的代表,如所周知,是罗素、维特根斯坦、卡尔纳普、艾耶尔、斯蒂文森。但是,里查德·A.斯帕隆(Richard A.Spinello)说得不错:情感主义的真正奠基人是休谟。②

休谟等情感主义者看到,一方面,事实自身无所谓应该,应该的存在依赖于主体;另一方面,应该必与主体一致而与事实却往往相反。于是他们便进而得出结论,即应该存在于主体,是主体的情感、意志、态度,是主体的属性,而不是客体的、事实的属性:

"就以公认为有罪的故意杀人为例,你可以在一切观点下考察它,看看你能否发现你所谓恶的任何事实或实际存在来。不论你在哪个观点下观察它,你只发现一些情感、动机、意志和思想……你如果只是继续考察对象,你就完全看不到恶。除非等到你反省自己内心,感到自己心中对那种行为发生一种谴责的情绪,你永远也不能发现恶。因此,恶和德都不是对象的性质,而是心中的知觉。"③

因此,"关于'价值'的问题完全在知识的范围以外,"罗素补充道,"这就是说,当我们断言这个或那个具有'价值'时,我们是在表达我们自己的感情,而不是在表达一个即使我们个人的感情各不相同但仍然是可靠的事实。"④ 艾耶尔也这样写道:"伦理词的功能纯粹是情感的,它用

---

① Lawrence C.Becker : Encyclopedia of Ethics Volume II,Garland Publishing,Inc., New York, 1992, pp.304~305.
② John K.Roth: International Encyclopedia of Ethics,Printed by Braun-Brumfield Inc., U.C, 1995, p.258.
③ 休谟:《人性论》下册,商务印书馆,1983年版,第508页。
④ 罗素:《宗教与科学》,商务印书馆,1982年版,第123页。

来表达关于某些客体的情感，但并不对这些客体做出任何断定。"[1]斯蒂文森虽然承认伦理词具有描述事实和表达情感的双重意义，但是，他以为情感意义是主要的、完全的、独立的，而描述意义是为情感意义服务的，因而是不完全的、不独立的：

"无疑，在伦理判断中总有某些描述成分，但这决非完全意义上的描述：它们的主要用途并不是说明事实，而是要产生一种影响；它们并非仅仅描述人们的兴趣，而是改变或强化这些兴趣；它们推荐对于一种客体的兴趣，而不是陈述已经存在的兴趣。"[2]

善和应该既然仅仅是或主要是主体的情感、属性，而不是客体的、事实的属性，那么显然，善和应该也就只能从主体而不可能从事实中推导出来了。所以，休谟在阐明应该是主体的情感而不是客体的事实属性之后，接着便提出了那个而后成为元伦理学基石的鼎鼎有名的论断："应该"不能由"是"推导出来，"应该"与"是"之间存在逻辑鸿沟。[3]斯蒂文森亦曾这样总结道："从经验事实并不能推导出伦理判断，因为经验事实并非伦理判断的归纳基础。"[4]

伦理判断既然只是主体情感的表达而不是事实的属性的陈述，不可能从事实判断推导出来，那么，伦理判断便无所谓真假而是非认识的。所以，罗素说："严格地讲，我认为并不存在道德知识这样一种东西。"[5]"一个价值判断，"卡尔纳普说，"既不是真的，也不是假的。它并没有断

---

[1] Louis P.Pojman:Ethical Theory: Classical and Contemporary Readings,Wadsworth Publishing Company USA, 1995, p.415.
[2] Charles L.Stervenson: Facts and Values :Studies in Ethical Analysis, New Haven and London:Yale University Press,1963, p.16.
[3] 休谟：《人性论》下册，商务印书馆，1983年版，第509页。
[4] Charles L.Stervenson: Facts and Values :Studies in Ethical Analysis,New Haven and London:Yale University Press, 1963, p.28.
[5] 罗素：《为什么我不是基督徒》，商务印书馆，1982年版，第55页。

定什么，而是既不能被证明也不能反证的。"① 艾耶尔则一再说："只表达道德判断的句子没有陈述任何东西，它们是纯粹的情感表达，因而不能归入真假范畴。"②

斯蒂文森只认为道德判断的情感意义无真假，而承认其描述意义有真假。然而，由于他以为情感意义是主要的、起着统一的和支配的作用，所以，他也认为伦理判断——主要讲来——是无真假、非认识的，它们只是在某种程度上依赖知识，而自身并不是知识："伦理问题包含着个人和社会对于应该赞成什么所做的决定，这些决定虽然完全依赖知识，但自身并不构成知识。"③ 于是，他也就与罗素、维特根斯坦、卡尔纳普一样，认为规范伦理学并不是科学：

"我的结论是，规范伦理学不是任何科学的一个分支。它所审慎地论述的分歧类型，正是科学所审慎地避开的东西。……它是从所有的科学中引出的，但是，一个道德家的特有的目的——改变态度——是一种活动，而不是知识，因而不属于科学。"④

可见，情感主义与自然主义和元伦理直觉主义一样，也是一种关于"应该"的产生和推导过程的元伦理证明理论，亦即关于"应该"能否从"是"中产生和推导出来的元伦理证明理论，说到底，也是一种关于伦理学推导公理和推导公设的证明理论。但是，情感主义无疑比二者离真理更远。

首先，情感主义误认为，"应该"等是主体的情感属性，而不是客体的事实属性，因而也就只能从主体——而不可能从事实——推导出来。

---

① 卡尔纳普：《哲学和逻辑句法》，上海人民出版社，1962年版，第9页。
② Charles L.Stervenson: Facts and Values :Studies in Ethical Analysis, New Haven and London:Yale University Press, 1963, p.415.
③ 斯蒂文森：《伦理学与语言》，中国社会科学出版社，1991年版，第4页。
④ Charles L.Stervenson: Facts and Values :Studies in Ethical Analysis, New Haven and London:Yale University Press, 1963, p.8.

这一错误，如上所述，依据于一方面，事实自身无所谓"应该"，"应该"的存在依赖于主体；另一方面，"应该"必与主体一致而与事实却往往相反。这些依据能成立吗？"应该"的存在，确如情感主义论者所说，依赖于主体：离开主体便无所谓"应该"，存在主体便有所谓"应该"。但是由此只能说主体是"应该"存在的条件，而不能说主体是"应该"存在的源泉。"应该"，确如情感主义所说，必与主体一致而与事实却往往相反。但是，由此只能说主体是"应该"的标准，而不能说主体是"应该"的源泉。因为，如前所述，"应该"是客体事实对主体需要的效用性，是在事实与主体需要发生关系时，从事实中——而不是从主体需要中——产生的属性；主体需要只是"应该"从事实中产生的条件和衡量事实是否"应该"的标准，事实才是"应该"产生和存在的载体、实体。情感主义的错误在于把"应该"产生、存在的条件和标准——主体的需要、欲望、感情——当作"应该"产生、存在的源泉，因而误以为"应该"存在于主体的需要、欲望、感情之中，是主体的需要、欲望、感情的属性，于是也就只能从主体的需要、欲望、感情——而不能从事实中——推导出来。

其次，情感主义的错误在于认为价值判断仅仅是或主要是主体情感的表达。因为，如上所述，一个价值判断必定反映三个对象，从而具有一种评价意义和两种描述意义。直接来说具有一种评价意义——表达的是评价对象事实如何对主体需要的效用，亦即评价对象的价值、应该、应该如何；根本来说则具有两种描述意义——一方面表达评价对象之事实如何，另一方面则表达主体的需要、欲望、感情。准此观之，罗素、维特根斯坦、卡尔纳普、艾耶尔等认为价值判断仅仅是主体情感的表达，其错误显然在于抹杀价值判断对客体的事实属性的反映和对客体的价值属性的反映，而只看到价值判断对主体情感的反映。斯蒂文森承认价值判断具有情感和描述双重意义，其错误则在于抹杀价值判断的评价意义和夸大价值判断的情感描述意义而缩小价值判断的事实描述意义。

最后,情感主义的错误,在于由"价值判断是情感的表达"之片面性谬误进一步断言:价值判断完全是或主要是非认识的而无所谓真假。殊不知,即使"价值判断是情感的表达"是真理,也得不出"价值判断无真假"的结论。因为只有"情感"才无所谓真假,而"情感的表达"——如情感的认知表达——却可以有真假。那么,情感主义者是怎样由"价值判断是情感的表达"而得出价值判断无真假的?原来,当情感主义断言"价值判断是情感的表达"的时候,情感主义的错误比这句话的表面含义要严重得多。因为"情感的表达"无疑可以包括两个方面:一是"情感的认知表达",如我做出"张三很痛苦"的判断,它属于认识范畴,因而具有真假之分;二是"情感非认知表达",如"呻吟"或"叫喊",则主要属于行为范畴,因而无所谓真假。那么,"价值判断是情感表达"究竟是指哪一种情感表达?无疑是情感的认知表达而不是情感的非认知表达,因为价值判断属于判断范畴,因而属于认知范畴。然而,情感主义者却以为断言价值判断是"情感的认知表达"——他们称为"情感断定"(assertion of feeling)——是错误的,是传统主观主义(orthodox subjectivism)观点。而按照情感主义论者的定义,所谓情感表达,绝非情感断定,绝非情感的认知表达,而是指情感的非认知表达。因而在情感主义者看来,所谓价值判断是情感表达,乃是说价值判断是情感的非认知表达。艾耶尔在论及这种"情感表达与情感断定"之分时写道:"这是在考虑我们的理论与普通主观主义理论的区别时所要把握的关键。因为主观主义者相信伦理陈述实际上断定某些情感的存在;而我们则相信伦理陈述是情感的表达和刺激,这种表达和刺激不必涉及任何断定。"[1]可见,情感主义的错误在于否定"情感的表达"是"情感的认知表达",而

---

[1] Charles L. Stervenson: Facts and Values: Studies in Ethical Analysis, New Haven and London: Yale University Press, 1963, p.416.

片面地把"情感的表达"定义为"情感的非认知表达",从而误将"价值判断是情感的表达"等同于"价值判断是情感的非认知表达",因而错误地得出价值判断无所谓真假的非认识主义结论。

6. 规定主义

黑尔虽然看到价值判断具有评价与描述双重意义,但是,正如W.D.赫德森所言:"黑尔坚信,事实上,道德语言的最核心最重要的用法,是规定的。"① 诚哉斯言!因为黑尔在《道德语言》一开篇,便明确指出道德语言的本性在于它的规定性:"道德语言属于'规定语言'的种类。"② 在《伦理学理论》中,黑尔又进一步阐明道德判断具有两种"逻辑特色"(Logical Features):

"第一种有时被叫作道德判断的规定性(prescriptivity),第二种特色通常被叫作可普遍化性(Universalizability)。可普遍化性的意思是,一个人说'我应该',他就使他自己同意处在他的环境下的任何人应该。"③

显然,可普遍化性是修饰规定性的,道德语言是具有可普遍化规定性的规定语言。所以,道德语言、道德判断的逻辑特色也就可以归结为一种——可普遍化的规定性。所以,黑尔的伦理学说便被叫作"规定主义";黑尔亦自称为"普遍规定主义"(Universal Prescriptivism):"'普遍规定主义'意味着,它是普遍性(认为道德判断是可普遍化的)和规定主义(认为道德判断在一切典型的情况下都是规定的)的结合。"④

可见,所谓规定主义也就是认为道德语言、道德判断的本性在于规定性的学说:"规定主义是认为道德语言的主要的意义和目的在于规定

---

① W.D.Hudson:Modern Moral Philosophy,The Macmllan Press Ltd London, 1983, p.203.
② R.M.Hare: The Language of Morals ,Oxford University Press Amen House London, 1964, p.2.
③ R.M.Hare: Essays in Ethical Theory,Clarendon Press Oxford, 1989, p.179.
④ R.M.Hare: Freedom and Reation,Clarendon Press Oxford, 1963, p.16.

或命令的理论。"[1] 道德判断的本性既然在于规定，那么，道德判断便无所谓真假，便是非认识的了。因为所谓规定，正如 G.H. 沃赖特所说，是无所谓真假的，是非认识的："规定（prescription）既不是真的也不是假的。"[2] 所以，约翰·K. 罗思（John K.Roth）说："规定主义含有伦理知识不可能存在之意……因为与陈述不同，命令无所谓真假。"[3] 因此，规定主义仍属于非认识主义、情感主义，说到底，也是一种关于伦理学推导公理和推导公设的证明理论。对于黑尔与他的情感主义前辈的异同，路易丝·P. 波吉曼（Louis P.Pojman）曾有很好的说明：

"他与那些情感主义者一样认为，我们不能把真假属性归于道德陈述，因为道德判断是态度的；但是，他改变了道德词表达的重点：从赞成不赞成的感情到包括可普遍化特色和规定成分的判断类型。"[4]

因此，根本来说，规定主义与情感主义的错误是一样的——片面化价值判断对主体的需要、感情、命令的表达。他对情感主义错误的"新贡献"显然是把"规定"的本性（无真假、非认识）和"关于规定的判断"的本性（有真假、是认识）等同起来，把"道德（亦即道德规范）"的本性（无真假、非认识）和"道德判断"的本性（有真假、是认识）等同起来，从而断言规定语言、道德语言的本性就是规定，就是无真假、非认识的规定。

7. 描述主义

非认识主义之谬意味着认识主义是真理。因为所谓认识主义，如前

---

[1] John K.Roth: International Encyclopedia of Ethics, Printed by Braun-Brumfield Inc., U.C, 1995, p.693.
[2] M.C.Doeser and J.N.Kraay: Facts and Values, Martinus Nijhoff Publishes Boston, 1986, p.36.
[3] John K.Roth:International Encyclopedia of Ethics,Printed by Braun-Brumfield Inc U.C, 1995, p.693.
[4] Louis P.Pojman:Ethical Theory: Classical and Contemporary Readings, Wadsworth Publishing Company USA, 1995, p.428.

所述，是认为一切价值判断都属于认识范畴因而有真假之分的学说。但是，人们往往夸大认识主义之真理，由一切价值判断都有真假之分，进而断言一切评价都有真假之分。李连科便这样写道："价值评价实际上是价值、即客体与主体需要的关系在意识中的反映，是对价值的主观判断、情感体验和意志保证及其综合。价值评价作为一种意识反映，当然有主观随意性，有真有假。"①

然而，价值判断与评价并非同一概念。价值判断无疑都是评价。但是，评价却不都是价值判断。因为评价，正如李连科所说，是一种心理、意识，属于心理、意识范畴，而一切心理、意识都三分而为"知（认知）""情（感情）""意（意志）"。所以，评价也就相应地三分而为"认知评价""情感评价""意志评价"。

可见，评价与价值意识是同一概念，它们的外延较广，包括对于价值的认识、情感、意志等全部心理活动，而价值判断与价值认识、价值认知则大体是同一概念，它们的外延较狭，仅指对于价值的认识活动。问题的关键在于，如前所述，只有认知才有真假，而感情和意志则只有对错而并无真假。因此，只有一部分评价——价值判断或价值认识——才有真假；而其他的评价——价值情感和价值意志——则只有对错而并无真假。试想，谁能说贾宝玉对林黛玉的爱是真理还是谬论？岂不只能说贾宝玉对林黛玉的爱是对还是错吗？

非认识主义是谬误而认识主义是真理，并不意味着凡是反对非认识主义而主张认识主义的学说都是真理。自然主义与直觉主义都反对非认识主义而主张认识主义，但是，如前所述，它们都不是真理。那么，反对非认识主义——特别是规定主义——的描述主义究竟是不是真理？

描述主义是什么？劳伦斯·C. 贝克（Lawrence C. Becker）说："根据

---

① 李连科：《世界的意义——价值论》，人民出版社，1985年版，第106页。

描述主义理论，诸如'善'和'不正当'等道德词与'红'和'长方形'等普通的描述词相似，二者的意义和使用条件密切相连。"① 确实，描述主义的著名代表菲力帕·福特（Philippa Foot）在论证诸如"正当、义务、善、责任、美德"等价值词与"伤害、利益、便利、重要"等描述词如何相似相连之后，② 得出结论：

"当人们论证什么是正当、善、义务或某种人格特质是不是美德时，他们并没有局限于引证通过简单观察或明晰化技巧所得到的事实……这种讨论正像其他的讨论，如文学批评或性格讨论，在很大的程度上要依靠经验和想象。"③

这就是说，道德论证与描述推理一样，都依靠事实、经验和想象。质言之，评价的推理逻辑与描述的推理逻辑是一样的，区分二者为具有不同功能的两种逻辑类型是错误的。于是，从描述到评价与从描述到描述的推理逻辑也就是一样的，因而正如从描述可以直接推出描述一样，从事实描述也可以直接推出评价或从事实可以直接推出价值：在评价与描述以及价值与事实之间，根本不存在什么逻辑鸿沟。福特举例说，"某人好冒犯别人"，是事实判断，是事实描述。从这个判断就可以直接推出评价、价值判断"该人没有礼貌"：

"当一个人判断某种行为是不是没有礼貌时，他必得运用公认的标准。既然这标准就是'冒犯'，那么，一个人如果肯定'冒犯'便不可能否定'没有礼貌'。它遵循的逻辑规则是，如果 P 是 Q 的充分条件，那么肯定 P 却否定 Q 便是矛盾的。这样，我们就得到了从一个非评价前提

---

① Lawrence C.Becker : Encyclopedia of Ethics Volume II,Garland Publishing,Inc., New York, 1992, p.1007.
② Philippa Foot:Virtues and Vices and Other Essays in Moral Philosophy,University of California Press Berkeliy and Los Angeles, 1978, p.109.
③ Philippa Foot:Virtues and Vices and Other Essays in Moral Philosophy,University of California Press Berkeliy and Los Angeles, 1978, p.106.

推导出一个评价结论的例子。"①

可见，描述主义是一种把评价逻辑等同于描述逻辑的元伦理证明学说，是认为评价与描述的推理逻辑并无不同，因而从事实描述可以直接推出评价（或从事实可以直接推出价值）的元伦理证明学说，说到底，是一种自然主义的元伦理认识论。因为所谓自然主义，如前所述，便是认为仅仅从事实（自然）便可以直接推导出应该（价值）的元伦理证明学说。因此，描述主义便与自然主义一样，是一种谬论。那么，描述主义究竟错在哪里？

不难看出，描述主义的错误主要在于等同评价的逻辑与描述的逻辑，亦即等同事实判断的逻辑和价值判断的逻辑。描述的逻辑显然是：从一个描述或事实判断可以直接推导出一个描述或事实判断，如从"天下雨"可以直接推导出"地上湿"。反之，评价的逻辑，如前所述，则是至少从两个描述——一个事实如何的描述和一个主体需要如何的描述——才能推导出一个评价或价值判断。更确切些说，评价的逻辑是：一个评价或价值判断是通过一个主体需要如何的描述判断，而间接地从一个事实如何的描述判断中推导出来的。

诚然，从"某人好冒犯别人"可以直接推出"该人没有礼貌"。但是，细细想来，只有"该人不应该没有礼貌"才是评价或价值判断；而"该人没有礼貌"则与其前提"某人好冒犯别人"一样，都是描述或事实判断。所以，福特是从一个描述前提直接推出一个描述结论；而并没有从一个非评价前提直接推导出一个评价结论。

显然，描述主义与自然主义一样，其错误在于不懂得，虽然评价和价值判断确实产生于描述和事实判断，是从描述和事实判断中推导出来的。但只有与主体需要的描述发生关系，从事实描述中才能产生和推导

---

① Philippa Foot: Virtues and Vices and Other Essays in Moral Philosophy, University of California Press Berkeliy and Los Angeles, 1978, p.104.

出评价和价值判断——离开主体描述，不与主体需要的描述发生关系，仅仅事实判断自身是不能产生和推导出评价和价值判断的：事实描述是评价产生、存在的源泉和根据，主体需要的描述则是评价或价值判断产生于、推导于事实描述的条件和标准。描述主义与自然主义一样，只看到事实描述是价值判断产生的源泉和根据，却看不到主体需要的描述是价值判断产生的条件和标准。因而误以为仅从事实判断自身便能直接产生和推导出价值判断，误以为从一个描述便可以直接推导出一个评价，于是也就误将根本不同的评价的推理逻辑与描述的推理逻辑完全等同起来。

综观自然主义、直觉主义、情感主义以及规定主义和描述主义，可知五者都是关于伦理学推导公理和推导公设的片面的、错误的证明理论；因为它们都是关于应该、善和价值产生和推导过程的片面的、错误的证明理论，都是关于应该能否从是产生和推导出来的片面的、错误的证明理论：

情感主义和规定主义把"应该"所由以产生和存在的条件与标准——主体的需要、欲望、感情——当作应该产生和存在的源泉与实体。因而误认为应该存在于主体的需要、欲望、感情之中，是主体的需要、欲望、感情的属性，于是也就只能从主体的需要、欲望、感情而不能从事实中推导出来。反之，自然主义和描述主义则未能看到主体的需要、欲望、目的是"应该"产生和存在的条件与标准，而只看到"事实"是"应该"产生和存在的源泉与实体。因而误以为从事实自身直接便能产生和推导出应该，于是也就把事实与应该等同起来。直觉主义正确地看到只有通过一种中介，才能从事实产生应该，却未能发现这种中介就是主体的需要、欲望、目的，而误以为是直觉，从而误认为应该是通过直觉产生于事实。这些理论的片面性进一步显示了我们所揭示的"应该、善和价值产生和推导过程"的真理性：

"价值、善、应该如何"是"是、事实、事实如何"对主体的需要、欲望、目的之效用:"客体事实属性"是"价值、善、应该如何"产生的源泉和存在的实体;"主体需要、欲望和目的"则是"价值、善、应该如何"从客体事实属性中产生的条件和标准。因此,"价值、善、应该如何",是通过主体的需要、欲望和目的,而从"是、事实、事实如何"中产生和推导出来的:"善、应该、正价值"就是"事实"符合"主体需要、欲望和目的"之效用,全等于"事实"对"主体需要、欲望和目的"之符合;"恶、不应该、负价值"就是"事实"不符合"主体需要、欲望和目的"之效用,全等于"事实"对"主体需要、欲望和目的"之不符合。

这就是自然主义、直觉主义、情感主义以及规定主义和描述主义所苦苦求索的"价值、善、应该如何"的产生和推导之真实过程。这就是至今西方公认未能破解的"休谟难题"("应该"能否从"事实"推导出来)之答案。这就是从斯宾诺莎到罗尔斯历代思想家所关切的"可以推导出伦理学全部命题"的伦理学公理,说到底,亦即"可以推导出伦理学和国家学以及中国学等一切价值科学全部命题"的伦理学公理、国家学公理和中国学公理等一切价值科学公理。该公理可以归结为一个公式:

前提1: 事实如何(价值实体)
前提2: 主体需要、欲望和目的如何(价值标准)

结论: 应该如何(价值)

本书所引证的主要书目
（按书名拼音首字母顺序排列）

A

《爱因斯坦文集》第 3 卷，商务印书馆，1976 年版。

B

黄建中：《比较伦理学》，台湾省编译馆，1974 年版。

波普尔：《波普尔思想自述》，上海译文出版社，1988 年版。

C

《邓小平文选》第二卷，人民出版社，1994 年版。

D

朱狄：《当代西方美学》，人民出版社，1984 年版。

施太格缪勒：《当代哲学主流》，王炳文等译，商务印书馆，1989 年版。

E

宾克莱：《二十世纪伦理学》，河北人民出版社，1988 年版。

F

乌克兰采夫：《非生物界的反映》，中国人民大学出版社，1988 年版。

G

《古希腊罗马哲学》,生活·读书·新知三联书店,1957年版。
盛庆来:《功利主义新论》,上海交通大学出版社,1996年版。
维克塞尔:《国民经济学讲义》,上海译文出版社,1983年版。
穆勒:《功用主义》,商务印书馆,1957年版。
克莱因:《古今数学思想》第1卷,上海科学技术出版社,1979年版。

H

徐嵩龄主编:《环境伦理学进展:评论与阐释》,社会科学文献出版社,1999年版。
罗尔斯顿:《环境伦理学》,中国社会科学出版社,2000年版。

J

李德顺:《价值论》,中国人民大学出版社,1987年版。
李德顺主编:《价值学大词典》,中国人民大学出版社,1995年版。
李德顺:《价值新论》,中国青年出版社,1993年版。
培里等著:《价值和评价》,中国人民大学出版社,1989年版。
王玉梁主编:《价值和价值观》,陕西师范大学出版社,1988年版。
王玉梁主编:《价值与发展》,陕西人民教育出版社,1999年版。
晏智杰:《经济价值论再研究》,北京大学出版社,2005年版。
萨缪尔森:《经济学》中册,商务印书馆,1986年版。
晏志杰:《经济学中的边际主义》,北京大学出版社,1987年版。
D.Broad:《近代五大家伦理学》,商务印书馆,民国二十一年版。
袁贵仁:《价值学引论》,北京师范大学出版社,1991年版。
熊彼特:《经济分析史》第三卷,商务印书馆,1991年版。
牧口常三郎:《价值哲学》,中国人民大学出版社,1989年版。

K

怀特海:《科学与近代世界》,商务印书馆,1989年版。
约翰·华特生编选:《康德哲学原著选读》,商务印书馆,1963年版。

L

《伦理学和政治学中的人类社会》，肖巍译，中国社会科学出版社，1992年版。

宾克莱：《理想的冲突》，商务印书馆，1983年版。

布拉德雷：《伦理学研究》上册，商务印书馆，民国三十三年版。

弗兰克纳：《伦理学》，生活·读书·新知三联书店，1987年版。

高尔泰：《论美》，甘肃人民出版社，1982年版。

米克：《劳动价值学说的研究》，商务印书馆，1979年版。

摩尔：《伦理学原理》，商务印书馆，1983年版。

钱学森等：《论系统过程》，湖南科学技术出版社，1982年版。

石里克：《伦理学问题》，张国珍等译，商务印书馆，1997年版。

斯宾诺莎：《伦理学》，贺麟译，商务印书馆，1962年版。

斯蒂文森：《伦理学与语言》，中国社会科学出版社，1991年版。

西季威克：《伦理学方法》，中国社会科学出版社，1993年版。

晏智杰：《劳动价值学说新探》，北京大学出版社，2001年版。

M

《马克思恩格斯全集》2卷，人民出版社，1974年版。

《马克思恩格斯全集》26卷，人民出版社，1974年版。

巴尔本：《贸易论》，商务印书馆，1982年版。

N

亚里士多德：《尼各马科伦理学》，中国社会科学出版社，1990年版。

R

休谟：《人性论》下册，商务印书馆，1983年版。

马斯洛：《人性能达到的境界》，云南出版社，1987年版。

罗素：《人类的知识》，商务印书馆，1983年版。

夏甄陶主编：《认识发生论》，人民出版社，1991年版。

S

麦金泰尔:《谁之正义?何种合理性?》,当代中国出版社,1996年版。

李连科:《世界的意义——价值论》,人民出版社,1985年版。

冯友兰:《三松堂全集》,河南人民出版社,1986年版。

W

罗素:《为什么我不是基督徒》,商务印书馆,1982年版。

罗素:《我们关于外间世界的知识》,上海译文出版社,1990年版。

李凯尔特:《文化科学与自然科学》,商务印书馆,1986年版。

X

周辅成编:《西方伦理学名著选辑》上卷,商务印书馆,1954年版。

庞元正等编:《系统论、控制论、信息论经典文献选编》,求实出版社,1989年版。

哈肯:《信息与自组织》,四川教育出版社,1988年版。

马克·斯考森:《现代经济学的历程》,长春出版社,2009年版。

胡文耕:《信息、脑与意识》,中国社会科学出版社,1992年版。

Y

《亚里士多德全集》第一卷,中国人民大学出版社,1990年版。

《亚里士多德全集》第八卷,中国人民大学出版社,1997年版。

《亚里士多德全集》第九卷,中国人民大学出版社,1994年版。

拉兹洛:《用系统论的观点看世界》,中国社会科学出版社,1985年版。

Z

《社会科学辑刊》编辑部主编:《主体—客体》,辽宁人民出版社,1983年版。

《朱光潜文集》第三卷,上海文艺出版社,1983年版。

《自然辩证法百科全书》,中国大百科全书出版社,1994年版。

卡尔纳普:《哲学和逻辑句法》,上海人民出版社,1962年版。

康芒斯:《制度经济学》上册,商务印书馆,1997年版。

李嘉图：《政治经济学及赋税原理》，商务印书馆，1972年版。

李连科：《哲学价值论》，中国人民大学出版社，1991年版。

罗尔斯：《正义论》，中国社会科学出版社，1988年版。

罗国杰主编：《中国伦理学百科全书·伦理学原理卷》，吉林人民出版社，1993年版。

罗素：《宗教与科学》，商务印书馆，1982年版。

马克思：《资本论》第3卷，人民出版社，2004年版。

马克思：《资本论》第一卷，中国社会科学出版社，1983年版。

马克思：《资本论》第一卷上卷，人民出版社，1975年版。

穆勒：《政治经济学原理》上卷，商务印书馆，1997年版。

王玉梁主编：《中日价值哲学新论》，陕西人民教育出版社，1994年版。

吴国盛主编：《自然哲学》第一辑，中国社会科学出版社，1994年版。

王玉梁：《中日价值哲学新论》，陕西人民教育出版社，1994年版。

亚里士多德：《政治学》，商务印书馆，1996年版。

《朱光潜美学文集》第三卷，上海文艺出版社，1982年版。

《朱光潜美学文集》第一卷，上海文艺出版社，1982年版。

A

Alasdair Macintyre, After Virtue, China Social Sciences Publishing House Chengcheng Books Ltd., 1999.

Bernard Gert: Moraility, A New Justification of The Moral Rules, New York Oxford: Oxford University Press, 1988.

David Hume, A Treatise of Human Nature, At The Clarendon Press Oxford, 1949.

John Rawls, A Theory of Justice (Revised Edition), The Belknap Press of Harvard University Press Cambridge, Massachusetts, 2000.

C

E.M.Joad, Classics In Philosophy And Ethics, London Kennikat Press, 1960.

Charles.L.Reid, Choice and Action: An Introduction To Ethics, New York: Macmillan Publishing Co, Inc., 1981.

E

A.C.Ewing,Ethics,The Free Press New York,1953.

A.I.Melden,EthicalTheories:ABookofReadings,NewJersey:Prentice—Hall,Inc,Englewood Cliffs, 1967.

Barbara MacKinnon,Ethics,Wadsworth Publishing Company San Francisco,1995.

David E.Cooper,Ethics The Classic Readings,Blackwell Publishers,1998.

H.Gene Blocker,Ethics An Introduction, Haven Publications, 1988.

Holmes Rolston,Environmental Ethics—Duties to and Values in the Natural World, Philadelphia:Temple University Press,1988.

J.L.Mackie, Ethics:Inventing Right and Wrong , ingapore Ricrd Clay Pte Ltd., 1977.

Joseph P. Hester,Encyclopedia of Values and Ethics, Santa Barbara ABC—CLIO,1996.

Lawrence C . Becker: Encyclopedia of Ethics Volume II, New York:Garland Publishing,Inc.,1992.

Louis P.Pojman,Ethical Theory: Classical and Contemporary Readings, Wadsworth Publishing Company,1995.

Michael Slote,FROM MORAILITY TO VIRTUE,Oxford Uniyersity Press New York ,1992.

Oliver A.Johnson,Ethics Selections From Classical and Contemporary Writers,Fourth Edition Holt,New York:Rinehart and Winston,Inc.,1978.

R.M.Hare, Essays in Ethical Theory,Clarendon Press Oxford,1989.

R.M.Hare,Essays On The Moral Concepts,University of California Press Berkeley and Los Angeles,1973.

Stevn M Cahn and Peter Markie,Ethics :History,Theory,and Contemporary Issues,New York Oxford:Oxford University Press,1998.

W.K.Frankena,Ethics Prentice — hall,New Jersey:Inc.Englewood Cliffs,1973.

William K.Frankena,Ethics,Englewood Cliffs ,New Jersey :Prentice—Hall, Inc., 1973.

F

Charles L.Stervenson,Facts and Values :Studies in Ethical Analysis,New Haven and London:Yale University Press,1963.

M.C.Doeser and J.N.Kraay,Facts and Values, Martinus Nijhoff Publishes Boston,1986.

R.M.Hare,Freedom and Reation,Clarendon Press Oxford,1963.

G

Ralph Barton Perry,General Theory of Value its meaning And Basic Principles Construed In Terms Of Interest Longmans,New York:Green And Company 55 Fifth Avenue,1926.

H

Joseph A. Schumpeter,History of Economic Analysis,London: GEORGE ALLEN & UNWIN Ltd., 1955.

I

John K.Roth,International Encyclopedia of Ethics, Printed by Braun—Brumfield Inc U.C, 1995.

Sigmund Freud,Introductory Lectures On Psycho—Analysis, Translated by James Strachey, New York:W. W. Norton & Company,1966.

Theodore De Laguna,Introduction To The Science Of Ethics ,The New York:Macmillan Company,1914.

L

Sissela Bok, Lying : moral choice in public and private life, New York : Vintage Books, 1989.

M

Mark Timmons,Morality Without Foundations,New York:Oxford University Press,1999.

Paul A. Samuelson, William D. Nordhaus, Microeconomics (16th Edition) Boston: TheMcGraw—Hill Companies, Inc.,1998.

Ted Honderich,Morality and Objectivity, London:Routledge & Kegan Paul,1985.

George Sher,Moral Philosophy:Selected Readings Harcourt Brace Jovanovich ,New York:Publishers,1987.

N

Friedrich Von Wieser, Natural Value,New York: KELLEY & MILLMAN, Inc., 1956.

P

Divid Ricardo, Principles of Political Economy and Taxation,London: George Bell and Sons, 1908.

G.E.Moore,Principla Ethica,China Social Sciences Publishing House Chengcheng Books,1999.

Tom L. Beauchamp,Philosophical Ethics,New York:McGraw-Hill Book Company, 1982.

Tsunesaburo Makiguchi,Philosophy of Value, Seikyo Press Tokyo, 1964.

R

j.Bond,Reason and Value, Cambridge University Press, 1983.

R.B.Perry,Realms of Value, Cambridge, Mass,1954.

Paul W.Taylor,Respect For Nature:A Theory of Environmental Ethcs,New Jersey:Princeton University Press Princeton,1986.

T

A.C.Ewing,The Definition of Good,Westport:Hyperion Press,Inc.,1979.

Adam Smith,the Theory Of Moral Sentiments, Beijing:China Sciences Publishing House Chengcheng Books Ltd.,1979.

Adam Smith,The Wealth of Nations,Books I-III,England Penguin Inc.,1970.

Burton F.Porter,The Good Life:Alternatives in Ethics,New York:Macmillan Publishing Co Inc.,1980.

Eugen V. Böй ё hm-Bawerk, The Positive Theory of Capital,New York: G. E. STECHERT & CO, 1930.

Gilbert C.Meilaender,The Theory and Practice of Virtue,University of Notre Dame Press, 1984.

Karl R. Popper,The Logic of Scientific Discovery,New York:Harper Torchbooks Harper & Row,Publishers,1959.

Michael Smith,The Moral Problem ,Oxford UK and Cambridge USA BLACKWELL,1995.

R.M.Hare,The Language of Morals,London:Oxford University Press Amen House,1964.

Stephen Edelston Toulmin,The Place of Reation in Ethics, The University of Chicago Press, 1986.

W.D.Hudson,The Is — Ought Question:A Collection of Papers on the Central Problem in Moral Philosophy, New York:ST.Martin's Press,1969.

W.D.Ross,The Right and Good, Oxford At The Clarendon Press ,1930.

V

Bryan Wilsons,Values Humanities Press International,Inc. Atlantic Highlands,1988.

Daniel Statman,Virtue Ethics, Edinburgh University Press,1997.

Philippa Foot,Virtues and Vices and Other Essays in Moral Philosophy,University of California Press Berkeliy and Los Angeles, 1978.

索 引

B

必要恶　109—111

C

纯粹恶　109—111

D

当代西方学术界的研究和论争　021
道德价值存在本质公设　134，143—146
道德价值存在公设　133，165，167，168，174，177，182，223，225
道德价值存在结构公设　145，149，150，167
道德价值存在性质公设　152，163，165，167
道德价值推导公设　167，182，188，189，219，223
道德评价推导公设　182，191，199，200，220，223
道德评价真假对错推导公设　182，202，207，209，223
道德应该的可普遍化性　118
道德中心论　034，037，044，046
第三性质　133，138，142—145，166，167，177，185
对错　091—097

E

恶的类型　109

F

反应　091—094

反映　091—096

非生物内在价值论　072，073，075，078

G

感情评价　096，097，099，195—199，202，205，206，218，219

公理　006，021，025，129，165，216，223—225

公设　006，129，165，216，223—225

关系论　168，177—179，225

广义事实概念　121，128

规定主义　225，239—241，244，245

规范　209，216

规范伦理学　007，020—023，025—027，029—037，044，046，100，102，106，109，111，118，236

J

价　值　004—008，017，026，052，060，062，121，126，133—135，138，139，144，145—148，152—159，163……

价值悖论　051，083—087，089，090

价值存在本质公理　133，134，143，144，166

价值存在公理　133，165，167，168，174，177，182，186，223，225

价值存在结构的二重性　147

价值存在结构公理　133，145，149，150，166

价值存在性质公理　133，152，163，164，166

价值的存在本质　134，138，143—145

价值的存在结构　145，147，149

价值的存在性质　152，155，159，163—165

价值反应　091

价值概念　052，053，055，062，063，065，078—080，091，226

价值判断的产生和推导过程　　191

价值判断真理性的产生和推导过程　　202

价值推导公理　　167，182，186，188，189，216，223

绝对性　　155，157—159，163—167，176

K

客观论　　168—170，225，233

客观性　　159，161—167，176

客体　　051—061

客体的关系属性　　133，138—140，143，145，166，169，170，178，179，185，186

L

两种事实概念　　128

伦理　　001—005

伦理学　　001，003—005，009，010—013，015，016，019—022，043，044，046，047……

伦理学初始概念　　006，008，101，129

伦理学的中心学科　　037，046

伦理学对象　　015，016，021，036，046

伦理学公理　　025，133，190，223—225，245

伦理学公设　　190

伦理学界说　　009

伦理学开端概念　　008，051

伦理学全部对象之推演　　019

伦理学体系结构　　009，021，022，046

伦理学体系结构和学科分类　　021

M

美德伦理学　　008，009，020—022，032—037，040，043—046，100

美德中心论　　034，037，038，042，044—046

描述主义　　225，240—245

N
内在善　063，065，106—109，111

P
评价　007，008，091，095
评价概念　091，096，099，100
评价类型　096
评价推导公理　182，191，195，199，200，217，223
评价真假对错推导公理　182，202，205—207，209，212，223
普遍性　152—155，157—159，163—167

Q
潜在　133，147—150，166
情感主义　225，233，234，236—238，240，244，245

R
人类内在价值论　072，075，077，078
认知评价　095—097，099，191，195—199，202，204—207，217—219，221，241

S
善　004—008，102—107
善的定义　102，103，106，112
善的类型　106，107
商品价值　051，079，080，082—085，087—090，173，174
商品价值论　051，078，090
生物内在价值论　066，072
实体　133—135，145，149，151，166
实在　147
实在论　168—170，178，225
事实　099，121

是　121

手段善　063，106—111

T

特殊性　152—155，157—159，163，164，166，167，176

推导公理　006，129，167，181，182，216，240，244

推导公设　006，167，181，182，216，236，240，244

X

狭义事实概念　123，126

相对性　155—159

效用价值论　051，052，079，080，083，089

行为的道德善　008，101，111，114，121

行为的善　007，008，100—102，111—114

行为评价　096—099，195—199，202，205，206，217—219

休谟难题　004，007，009，017，024，025，029，032，121—123，126，134，146，167，182，183，186，188，245

Y

意志评价　095—097，099，195—199，202，205，206，217—219，241

应该　099，111—114，118，120

优良道德规范推导公设　181，182，209，214，215，222—224

优良规范推导公理　182，209，211，213，214，219，223

元伦理　003—008

元伦理学　003—008，017，021，031……

元伦理学对象　023，024，036，037，044，102，106，109

元伦理学范畴　006，026，051，101，202

元伦理学范畴体系　049

元伦理学体系　001

元伦理学证明体系　131

元伦理证明　　006，026，133，167—169，174，177，178，181，225，226，229，233，234，236，243

元伦理直觉主义　　229—233，236

Z

真假　　091—094

正当　　006—008，101，106，111—121

至善　　106—109

主观论　　168，174—176，178，179，225，233

主观性　　159，160，163—167，176

主体　　051—061

自然界内在价值概念　　063，065

自然内在价值论　　051，052，062，064，065，090

自然主义　　183，225—229，231，233，236，241，243，245